U0556307

外星人思维

解决棘手问题
开拓全新机遇的思维模式

A.L.I.E.N
THINKING

〔法〕西里尔·布凯（Cyril Bouquet）
〔法〕让·路易斯·巴索克斯（Jean-Louis Barsoux） 著
〔加〕迈克尔·韦德（Michael Wade）

梁家瑞 译

中国人民大学出版社
·北京·

图书在版编目（CIP）数据

外星人思维 / (法) 西里尔·布凯, (法) 让·路易斯·巴索克斯, (加) 迈克尔·韦德著 ; 梁家瑞译 . -- 北京 : 中国人民大学出版社, 2022.4
书名原文 : Alien Thinking : The Unconventional Path to Breakthrough Ideas
ISBN 978-7-300-30298-0

Ⅰ.①外… Ⅱ.①西… ②让… ③迈… ④梁… Ⅲ.①思维方法 Ⅳ.① B80

中国版本图书馆 CIP 数据核字 (2022) 第 021371 号

外星人思维

[法] 西里尔·布凯（Cyril Bouquet）
[法] 让·路易斯·巴索克斯（Jean-Louis Barsoux） 著
[加] 迈克尔·韦德（Michael Wade）

梁家瑞 译

Waixingren Siwei

出版发行	中国人民大学出版社			
社　　址	北京中关村大街 31 号		邮政编码	100080
电　　话	010-62511242（总编室）		010-62511770（质管部）	
	010-82501766（邮购部）		010-62514148（门市部）	
	010-62515195（发行公司）		010-62515275（盗版举报）	
网　　址	http://www.crup.com.cn			
经　　销	新华书店			
印　　刷	北京联兴盛业印刷股份有限公司			
规　　格	148mm×210mm　32 开本		版　次	2022 年 4 月第 1 版
印　　张	10　插页 1		印　次	2022 年 4 月第 1 次印刷
字　　数	220 000		定　价	79.00 元

版权所有　侵权必究　　印装差错　负责调换

致雷米和米加，我最亲爱的孩子。
你们每天都在提醒我什么才是最重要的，
我将永远珍视你们的爱、幸福和
迎接新挑战的非凡能力。
你们每天都让我感到骄傲。

——西里尔·布凯

致阿斯特里德、克洛伊和卡塔琳娜，
感谢你们给我的能量和灵感。

——让·路易斯·巴索克斯

致我的孩子们，你们都是像"外星人"一样思考的人。
尽管我不够完美，你们还是变成了善良且有思想的成年人。
感谢一直包容我的妻子海蒂，
你每天都带给我惊喜和快乐。

——迈克尔·韦德

推荐序

以创新思维实现更多原始创新

陈 劲

清华大学经济管理学院教授、技术创新研究中心主任

创新是人类生存与发展的关键。只有通过高质量、高数量的创新，人类才能获得高品质的生活与工作条件，并迈向更高的文明。

创新同时也是一项颇具挑战性的智力、体力活动，它需要战略性的思考与持之以恒的坚持。对创新发展规律的缺乏，也使得众多企业和创新者、创业者面临无谓的失败，成为"牺牲的英雄"。因此，创新要获得卓越成效，必须加强对创新规律的认识，尤其是要建立创新思维。由西里尔·布凯等三位瑞士洛桑国际管理发展学院教授联合创作的《外星人思维》一书，基于多年的创新理论探索与实践，提出了一套能够开发和落地突破性解决方案的创新框架，包含关注（attention）、悬浮（levitation）、想象（imagination）、实验（experimentation）和导航（navigation）这五大创新元素，简称为"外星人"（A.L.I.E.N）思维框架，具有重要的应用价值。

其中，关注（attention）既包括对用户需求的超前感知，也包括对国家战略需求（如安全、可持续发展、公共医药健康等）的深刻理解，需要更多的移情式的思考。设计型思维就是与之相对应的思维模式。乔布斯是运用设计型思维创造移动智能富媒体终端——智能手机的最佳实践者。设计型思维彻底改变了传统电子仪器分立的使用模式，帮助人类更快、更好地工作与生活。

悬浮（levitation）即从更新的视角观察、理解或解决创新中存在的问题，与颠覆性思维较为类似。所谓颠覆，就是远离原有的技术轨道、市场定位或者商业模式，从更高的性价比去思考问题、解决问题。哥伦布等伟大的航海家坚持"向西走也能到达东方"的颠覆性思维，帮助人类找到新大陆，从此人类在整个地球层面实现了友好联结，促进了全球一体化的发展。

想象（imagination）是创新的发动机，是创新活动中最核心的部分。科学巨匠爱因斯坦一直宣称，想象力比知识更重要。德国默克公司现有的企业社会责任栏目，保留着对员工好奇心开发与维系的工作内容，体现了一家百年药企致力于"创新造福人类"的坚强决心。

实验（experimentation）是近代科学兴起并产生工业革命的关键。从13世纪的罗吉尔·培根，到16世纪出现的弗朗西斯·培根，两位"培根"不断发展了这种实验主义的传统。弗朗西斯·培根谆谆提醒世人："证明前人说法的唯一方法只有观察与实验。"托马斯·爱迪生就是不断进行实验探索的伟大创新者，其"99%的汗水"为人类带来了光亮的照明，让人们得以过上更加美好幸福的生活。我国的袁隆平院士，扎根田间滩涂进行新型杂交水稻的育种实验，终为人类粮食的优质高产做出了杰出贡献。

导航（navigation）即为创新成果的商业化、产业化提供智慧的策略和模式。创新的本质不是技术发明本身，而是成果的大规模推广应用，并造福于人类。加强与利益相关者的沟通与联系，并设计出优良的商业模式，是引导成果最终获得市场价值与社会认同的关键。宝洁公司首创了"联系与发展"的商业模式，完善了与消费者的关系，也赢得了更多的"在线"创客，成就了一家颇有价值的国际化公司。海尔集团积极探索物联网环境下基于"链群合约"的"人单合一"模式，不仅大大调动了员工的创新、创业意识，同时也打造了与广大的用户、创客、创业个体共创的发展体系，推动了一系列新一代家电的诞生，最终普惠大众。

本书用丰富的商业案例证实了"外星人"思维框架中五大创新元素的不可或缺性，也具体介绍了如何活用这五大元素，实现颠覆性创新乃至原始性创新。在我国，进一步加强原始创新、颠覆性创新，对产业升级、提高我国产品或服务在全球价值链上的地位十分重要。因此，本书对有志于成为世界一流创新型企业的大公司，抑或专注于"专精特新"的技术密集型中小企业，以及众多企业家、科学家和管理者都具有重要的参考价值。

前　言

　　"你的任务就是毁掉自己的生意，"亚马逊首席执行官杰夫·贝索斯（Jeff Bezos）如是说，"我希望你继续工作下去，目的是让所有卖纸质书的人都失业。"[1]

　　贝索斯的谈话对象是史蒂夫·凯塞尔（Steve Kessel）。此人是亚马逊一个小型工程师团队的负责人，过去几年他一直在开发一款新型电子书阅读器。他和团队成员们在西雅图的一个老旧法律图书馆里辛苦工作着，周围堆放着他们希望淘汰的纸质书。尽管已经取得了重大进展[2]，但成果似乎并不令人满意。他们开始觉得最初的愿景遥不可及，因为这款新设备并无神奇之处，没有什么能让它在竞品中脱颖而出。然后，贝索斯有了一个想法……

　　亚马逊推出第一款电子书阅读器 Kindle 已经有十多年了。如果你正在阅读本书的电子版，很有可能你是从亚马逊购买后，然后通过无线网络下载到索尼阅读器或其他支持 MOBI（亚马逊的电子书格式）的移动设备上。如今，亚马逊彻底主导了电子书和纸质书的市场，但它的卓越并非历史的必然。2006 年，巴诺书店

（Barnes and Noble）①是图书零售巨头，而电子书是一种新兴技术，正在努力获得出版商和读者的认可。看上去要颠覆这个行业的是索尼而不是亚马逊。

同年 9 月，索尼推出了 PRS-500 便携式阅读器，这是一款制作精美的电子书阅读器，被誉为"图书行业的 iPod"②以及"改变我们阅读方式的电子设备"[3]。这款阅读器售价 350 美元，既轻薄又便捷，具备以往任何一款电子书阅读器都无法企及的优点。它采用了一种"电子墨水"技术，使阅读电子书像阅读纸质书一样容易。与竞品相比，它的屏幕更亮，电池续航时间更长，内存也更大。要购买一本电子书，你只需从索尼在线书店（Connect.com）上的上万本电子书中选择一本，然后通过 USB 数据线把阅读器和你的电脑连接起来，以索尼专有的 BBeB 格式下载。

与新兴市场的其他电子书阅读器相比，索尼阅读器很前卫。在设计方面，它好比是在一堆偷工减料的福特 T 型车中脱颖而出的一款敞亮时髦的保时捷。

然而，它也是一个巨大的失败品。几年之内，索尼阅读器就被束之高阁了。

为了理解这样的事情为什么会发生、还发生得如此之快，我们必须对亚马逊的团队如何完成 Kindle 阅读器的开发一探究竟。

消费者最想要的，是一种近似于阅读纸质书的电子书阅读体验。

---

① 巴诺书店于 1873 年创立于美国伊利诺伊州，是美国最大的连锁书店，现为全球第二大在线书店。——译者注

② iPod 是苹果公司设计开发的系列便携式多功能数字多媒体播放器，于 2001 年首次推出。现除 iPod touch 外，其他 iPod 产品均已停产。——译者注

他们也希望电子书具备所有数字媒体的优势，就像便携式书店一样，可以即时访问、易于搜索，并在一个设备上存储多本书。但便携性是出版商的痛点所在，在目睹了像纳普斯特（Napster）①这样的点对点（P2P）文件共享服务是如何颠覆音乐行业之后，图书出版商们担心这种技术可能会使用户不受惩罚地侵犯其知识产权。然后是盈利能力的问题，出版业不太清楚如何通过出售数字文件而不是实体书来赚钱。

　　每个电子书阅读器开发团队都面临着同样的难题。一方面，他们需要开发一种设备，既能让电子书为出版商带来利润，又能防止用户侵犯知识产权。不这样做的话，出版商将没有动力去改进它们的内部流程，从而提供大量的电子书。另一方面，用户想要的不仅仅是愉快的阅读体验，还有方便、快捷、灵活的购买体验。

　　索尼对便携性问题的解决办法是，强迫用户用 USB 数据线从个人电脑上下载每一本电子书。然而，这只是众多未经检验的解决方案中的一种，还不足以让出版商放弃它们原本成熟的商业模式。此外，考虑到下载过程中的种种不便，许多人宁可选择继续从当地书店购买精装书和平装书。

　　起初，亚马逊团队计划开发一种设备，这种设备也需要用户通过 USB 数据线从个人电脑上下载文件。但贝索斯否决了："我设想的场景是这样的，在去机场的路上，我需要一本书来读，我想把电子书输入设备中，而且就在我的车里下载。"[4]

　　要实现即时下载，必须采用无线设备。为此，亚马逊与高通合作

---

　　①　纳普斯特是第一个广泛应用点对点技术的音乐共享服务软件，最初是免费的。它的出现使音乐爱好者之间共享 MP3 音乐变得容易，却也因此引发了大规模的版权侵权行为，后被法院下令禁止。——译者注

建立了一个名为耳语网（Whispernet）的系统，该系统可为 Kindle 用户提供免费的 3G 网络连接，让他们可以随时随地下载书籍。

与索尼阅读器相比，第一代 Kindle 阅读器表现平平，它体积更大、更笨重，屏幕也更差。然而，它确实解决了出版商面临的便携性问题，因为用户只能从亚马逊上下载书籍。这对用户来说显然是一种限制，但对出版商来说却是一种优势，因为提供了强大的反盗版保护：亚马逊复杂的数字版权管理系统禁止用户与朋友或其他设备共享图书，甚至禁止用户连接打印机。同时，对用户而言购买体验也是更加方便快捷。

同样重要的是，亚马逊通过最初用 Kindle 设备的利润补贴电子书销售，解决了盈利问题。电子书虽然亏本出售了，但亚马逊向出版商支付的巨额款项给了它们足够的动力，促使它们制作出成千上万的 Kindle 电子书。

Kindle 阅读器的销量呈现出爆炸式增长。尽管它在外观上存在缺陷，售价高达 399 美元，但在首次上市 6 个小时内就售罄。从那以后，亚马逊迅速领先，其他的所有竞争对手都被它远远甩在了身后。亚马逊大获全胜，尽管 Kindle 阅读器在某些方面还比不上竞品。但正如贝索斯所说："它提供的不是一种设备，而是一种服务。"[5]

虽然索尼精心设计了一款不断优化的产品，但产品性能的提升却相当传统，因为新产品本身就是传统思维的产物。与此同时，亚马逊通过重新构思整个出版生态系统，使得 Kindle 阅读器成了今天的"一站式"商店——一个为数百万人提供即时阅读服务的移动商店，坐拥数百万本价格低廉的电子书。而索尼阅读器只不过是创新史上的过眼云烟而已。

初学者心态

本书讲述的不是关于贝索斯、亚马逊或索尼的故事，而是关于创新成功或失败的根本原因，探讨的是实现颠覆式创新的驱动因素。本书介绍的"外星人"思维框架可以让你系统地想出一个又一个突破性的解决方案。

索尼设计了一款精美的设备，而亚马逊设计的是一个新颖的解决方案。与其说这是一次技术上的竞争，不如说这是一场传统思维与原创思维之间的较量。正统的方法在大多数情况下都行得通，但当陷入僵局时，解决问题往往需要贝索斯展示出的那种发散性思维。

要找到尚未被发掘的创新机遇，想出全新的方法来解决问题或实现愿望，需要我们以全新的眼光看待世界，养成一种"未曾相识"[6]的心态。突破性创新人士要避免"似曾相识"综合征，因为它可能使我们困顿于旧的想法。本书提出，如果拥有挑战既定思维的策略，如果能注意到其他人忽略的奇思妙想，我们就可以形成新的想法和见解。正如法国小说家马塞尔·普鲁斯特（Marcel Proust）的名言所说：

> 唯一真正的探索之旅，唯一永恒的青春泉源，不是去找寻奇特的景致，而是要有不一样的眼睛，透过他人的眼睛，透过千百人的眼睛，专注地去观察这个宇宙，专注地去观察千百个宇宙——那千百个宇宙各自被专注地观察着的样貌。[7]

如果想要注意到、利用好摆在我们面前的创新机遇，就必须以初学者或门外汉的心态来思考和行动。然而，尽管越来越多的文献为探索创造力的本质提供了丰富的见解，但迄今为止，还没有一个系统而全面的框架来帮助个人和组织转换视角——帮助其从日常惯例和习惯行为中抽身，并使创新从早期的概念开发转化为经过验证的突破性解决方案。

需求上的突破

是什么促使贝索斯抛弃了电子书的传统下载方式，转而采用无线下载方式？是什么激发了这种想象力的飞跃？我们普通人又如何才能像贝索斯那样思考呢？

如果能够有意识地定期重复这种飞跃，我们就能成倍地提高个人和组织的能力，开发出令人惊叹的新产品、新服务和新技术。这种机制相当于把达·芬奇装在瓶子里，或者把乔布斯包在盒子里——让一个"创新精灵"听命于你。

过去十年里，我们一直在研究各个领域的创新先驱和变革者，他们包括企业家、设计师、医生、建筑师、科学家、厨师、艺术家等。

我们与瑞士洛桑国际管理发展学院（International Institute for Management Development，简称 IMD）的企业客户拥有广泛合作。比如，与社会企业家和非政府组织合作举办创新研讨会，支持家族企业努力变革。又比如，与数百名商业高管和政府部门官员一起策划大规模的转型之旅。通过这项工作，我们找到了创造性解决方案生存和发展的循环模式。这些模式在我们的"外星人"思维框架中拥有充分体现。这个框架不仅是一种另类的思维方式，也是一种操作模式——一种创新的思维过程，能促使突破性的解决方案根据需求被开发并实现交付，能为你提供新颖的解决方案，帮助你应对工作中的重要方面或生活中可能面临的任何问题。

　　尽管了解培育创新的习惯、策略、战术和过程很重要，但"外星人"思维框架并不局限于此，它还将相应的原则建构成了一个可以反复运用的机制。我们不妨将其看作一种有助于培育原创思维的手段。

　　"外星人"（A.L.I.E.N）思维包括关注（attention）、悬浮（levitation）、想象（imagination）、实验（experimentation）和导航（navigation）。你将在本书中看到，思维与众不同的人用新的眼光密切**关注**着这些维度。在某些时候，他们会后退一步，从创新过程中抽身，换个视角看问题，从而丰富自己的见解，我们将这个过程称为**悬浮**。此外，思维与众不同的人通过锻炼他们的能力，识别难以发现的模式并把看似无关紧要的事物关联起来，他们能够**想象**出与众不同的组合，并以巧妙而快捷的方式进行**实验**。最后，他们能在所处领域内外潜在的敌对环境中安全航行。**导航**可帮助人们安全地孵化自己的想法，招募强大的盟友，使得想法不会在萌芽阶段就夭折。"外星人"思维框架的每个维度所面临的共同挑战是，克服偏见和传统思维模式，因为它们会限制你的想象力，甚至毁掉一个伟大的想法。

　　我们提供的并不是字面意义上的精灵或者装在瓶子里的达·芬奇。但在"外星人"思维框架下，我们确实提供了一套实现创新的方法，它可以应用在任何领域，让你不必像过去一样等待灵感的来临。你可以使用"外星人"思维框架来激发原创性思维,并快速提升发现新模式、在心中建立正确联想的能力。

虽然我们关注的是作为个体的管理人员和专业人士,但"外星人"思维框架同样适用于那些希望打破正统逻辑、为日益复杂的问题找到新对策的团队和组织,无论其类型和规模如何。我们在商业、建筑、设计、体育、科学等创业领域都能找到像"外星人"一样思考的人。因此,虽然我们在本书中提出的方法主要吸引的是创新方面的专业人士,但也可为各行各业的从业者提供可资借鉴的宝贵见解。

我们与创新专业人士的共同点是,都渴望突破正统思维,持续不断地发现新的解决方案,解决世界上一些最棘手的问题。本书将向你展示,"外星人"思维框架将如何帮助我们实现这一目标。

目　录

第一章
探索原创力的 DNA

2014 年 5 月，比利·费舍尔（Billy Fischer）接到了世界卫生组织的电话。费舍尔是一名肺病专家和重症护理医师，他受命到日内瓦工作两个月，以提供有关严重病毒感染的技术知识。考虑到自己之前将大部分时间花在研究技术文件上，费舍尔同意了。72 小时后，他飞往日内瓦。但当他走进世界卫生组织的办公室时，他得知计划有变。有史以来最致命的埃博拉疫情刚刚爆发，世界卫生组织官员希望他立即前往西非的几内亚，帮助无国界医生组织抗击疫情。费舍尔是第一个承认自己害怕去几内亚的人——埃博拉是一种传染性极强的病毒，会导致严重的内出血，而且在通常情况下是致命的。他要去的那个村庄的临床死亡率超过 90%。"我们正在输掉这场战役，"他说，"那里已经几个月没有生还者了。"[1] 此外，费舍尔不确定他是否适合加入无国界医生团队，虽然他确实有在资源紧缺的环境中工作的经验，但他以前从未遇到过如此特殊的病毒。尽管如此，他还是同意前往，他必须试着提供帮助。

事实证明，费舍尔的"局外人"身份反而成了救命的资本。

创意的极限

当费舍尔到达几内亚的某个村庄时，他对"资源紧缺"这个词有了全新的理解。通常用来诊断疾病和治疗病人的工具一个也没有，他也无法使用其他工具，因为他必须穿上从头覆盖到脚的全封闭防护服。"我没有 CT 扫描仪，没有 X 光机，甚至没有实验室。尽管有听诊器，但也用不了，因为我不能把它放进我的耳朵里，我只剩下视觉和触觉了。"他不得不去注意平时根本不会注意到的症状，并换个角度思考。"我发现如果这样做，实际上会有很多收获。"[2]

一些治疗场所仅仅是由帐篷搭建起来的，里面摆放着为病人或垂死之人准备的简易折叠床。有的设备也不能正常工作。"我们有些手持式（诊断）机器，可以提供基本的临床化学诊断。把采集的血样放进机器里，两分钟后就能得到一份完整的报告。问题是，这些机器不是为热带气候设计的。它们是专为温度在 15℃ 左右、有空调、不潮湿的环境所设计的，湿气会让机器出现故障。此外，我们必须定期更新软件。而我们所在的地方电力有限，几乎没有网络。但如果不定期更新，这些机器就会停止工作。"

费舍尔和他的团队没法更新软件，只能将机器上的日期改为更早的时间，让设备以为现在还没到更新的时候。"我们采用了极限创意来欺骗这些高科技设备。"

"我们做的另一件事是，搞清楚如何把大米作为除湿器来吸收水分，这样机器就不会坏了。我们用宿舍里的小冰箱给它们降温，把冰箱一直开着，需要用设备时就在冰箱里操作设备。"[3]

通过放弃习惯性操作、鼓励团队成员针对设备故障等棘手问题想出超乎寻常的解决方案，费舍尔激发出了他们的集体创造力，结果使一些标准的工作程序被完全修改。其中一项是，在高风险区和低风险区之间进行通信。在高风险区需要穿戴笨重的防护装备，而在低风险区则不需要。因为医生无法在两个区域之间快速移动，而且穿着"防护服"与人交谈几乎是不可能的，所以很难在两个区域之间交流医疗信息，并且所有进入高风险区的东西都应该被销毁。为了更好地沟通，研究团队想出了一个办法：用他们的苹果手机（很容易消毒）在高风险区拍照，然后将照片无线传输到低风险区大约 6 米外的打印机上，结果奏效了！这些妙招通常是大家吃饭的时候集思广益而来的，团队成员会提出一个又一个点子并进行讨论，直到想出应对新困难的解决方案。

注意力的转移

然而，尽管团队尽了最大努力，仍有一个接一个的病人在临时隔离区和治疗场所死亡。绝望的病人不再把医护人员看作可能的救星，而是看作恶人——死亡的预兆。村子里所有感染了这种病毒的人的预后①都非常糟糕（90% 的病人没能活下来），以至于有些家人宁愿冒着自己感染的风险，把他们的亲人藏起来，不让医护人员看到，也不愿让医疗队把他们的亲人带到治疗中心。与其死在穿着令人恐怖的防护服的陌生人中，还不如死在家里，享有一个体面的葬礼。但这种恐

---

① 疾病预后指疾病发生后，对疾病未来发展的病程和结局（痊愈、复发、恶化、致残、并发症和死亡等）的预测。——译者注

惧可能会使病毒传播得更广更快。

几十年来，世界卫生组织处理传染病的方法一直是，首先把重点放在阻止传播上：确认感染者、隔离感染者，并追踪与感染者有任何接触的人。相比之下，照顾已经被感染的病人就显得不那么重要了。在对抗埃博拉病毒时，这种过时的方法已经不再奏效，费舍尔指出了这一点。

费舍尔说，值得肯定的是，世界卫生组织决定招募更多的"局外人"——不受既定模式限制的人——来对抗这种流行病。除了传染病专家之外，世界卫生组织还招募了重症护理专家，比如费舍尔。这些医师被赋予两项任务：一项是了解疾病的临床过程，以便更好地治疗患者；另一项是通过试验新的治疗方案，实现更好的疾病预后。

费舍尔首先说服他的同事将注意力从阻止疾病蔓延转移到观察疾病的发展上。他们发现，在感染的前两三天，人们表现出非特异性症状 ①，这使得对患者进行确诊变得非常困难。病人会有发烧、头痛、虚弱、疲劳和喉咙痛等症状，但这些可能是由其他疾病引起的。不过，三五天之后，症状就变得明确无疑了。患者会出现恶心、严重呕吐和腹泻——有时会导致体内流失十升以上的水分（超过一个人的全部血容量）。

费舍尔注意到，大约在感染的第二周里，患者的症状要么是严重腹泻引起脱水，导致多器官功能衰竭（大多数情况下会导致死亡），要么是免疫系统开始抑制病毒的复制。如果发生第二种情况，患者极有可能存活。

费舍尔说，尽管有关埃博拉病毒的文献提到了腹泻，但"没有人

---

① "特异性症状"是指遵循某项规律而产生的病症；"非特异性症状"是指没有规律可言的病症，以炎症为主。——译者注

谈及他们腹泻多少的问题"。

"这大概是引起我们注意的最令人印象深刻的事情，但这也是一个机遇，让我们可以当场扭转局面。我们可以用液体来补充流失的体液。于是，这件事变成了一个挑战，对我们来说变成了有趣的实验。"

"我们最终采取的做法是，让每个确诊感染埃博拉病毒的患者接受静脉注射和积极的液体复苏治疗。我们不得不对他们失去了多少电解质进行猜测——运动饮料中的钾和镁会在运动中损失，所以我们猜测……我通常是看着一箱腹泻物，把它晃来晃去，以便弄清楚患者失去了多少水分，并回答他们大概失去了多少钾。之后，我们给每个人注射抗生素，给每个人服用抗疟疾药物。"[4]

通过这三项简单的干预措施，医生们能够将该村庄的埃博拉病毒感染者的死亡率从 90% 以上降到 50% 以下。

"我们震惊了，"费舍尔说，"这一刻很关键，因为它向我们表明，埃博拉病毒并不总是致命的。支持性护理作为治疗其他所有严重病毒感染的基石，对于对抗埃博拉病毒同样奏效。这听上去似乎不言而喻，但从根本上说，我们证明了通过积极的支持性护理可以降低死亡率，这一点具有开创性。"[5]

在几周内，团队成员完成了目标。他们通过给村民带去希望而不是恐惧来减少大家对隔离的抵制。反过来，这也阻止了埃博拉病毒向几内亚的其他地区以及邻国利比里亚和塞拉利昂的传播。

正因为费舍尔并不擅长对抗埃博拉病毒，所以他更容易舍弃传统的隔离方法，采用完全不同的策略。他的"局外人"身份帮助他以全新的视角看待问题，并减少了他应对具体危机时的先入为主。

一场"无期徒刑"

两年前，在半个地球之外，特蕾莎·霍奇（Teresa Hodge）面临着一场完全不同的危机。当时，她正坐在电脑前，填写在家办公的工作申请表。突然，她遇到了一个问题，令她浑身战栗。她停顿了一下，深吸了一口气，然后输入："是的。"

屏幕一片空白。

过了一会儿，屏幕上出现了她一直担心的信息："我们很抱歉，但你对其中一个问题的回答表明你不适合这份工作，感谢你抽出时间填写申请信息。"

霍奇很难过，但她并不惊讶或困惑，她明白自己在网上求职的过程为什么会如此突然地结束。美国每年有数百万求职者在回答"你是否有过犯罪经历"这个问题时被自动拒绝[6]，霍奇就是其中之一。

美国虽然人口只占世界人口的5%，但却关押着全世界25%的囚犯。截至2020年，美国刑事司法系统在1 833所州监狱、110所联邦监狱、1 772所少管所、3 134所地方监狱、218所移民拘留所以及军事监狱和其他设施中关押着近230万人[7]。一旦服刑期满，许多被释放的囚犯就发现：要找到好工作即便不是不可能的，但也极其困难。

现在80%的雇主会对求职者进行犯罪背景调查，如果应聘者有被捕或犯罪记录，通常会被自动拒绝。霍奇说，难怪在每年离开监狱的60多万人中，超过一半的人在12个月后仍然失业，70%的人最终又回到了监狱。更糟糕的是，高监禁率和高失业率不仅影响到曾经入狱的人，还影响到他们的配偶、孩子、其他家庭成员和整个社区，把他们永无休止地囚禁在监禁、累犯和贫困的无限循环中。霍奇称之为"无形的无期徒刑"[8]。

具有讽刺意味的是，霍奇正是在试图解决这个系统性问题时遭遇求职被拒。她之所以申请工作，是为了给一个名为"使命：启动"（Mission: Launch）的非营利组织筹资。该组织旨在帮助有被捕或犯罪记录的人获得贷款并创业。

在一名心怀不满的雇员向政府检举霍奇参与创办的一家公司后，霍奇被判邮件欺诈罪（她否认这一罪行），并在西弗吉尼亚州的阿尔德森联邦监狱服刑 70 个月。该监狱曾关押过"家政女王"玛莎·斯图尔特（Martha Stewart）和爵士歌手比莉·荷莉戴（Billie Holiday）。"我从来没有想过我会因某一情况被监禁，"霍奇说，"这对我和我的家人来说是非常大的打击。我对在监狱里将会遇到的妇女感到害怕。然而，令我吃惊的是，那些跟我一起被监禁的妇女和我有不少共同点。我逐渐感到自己是这群远离家乡的妇女中的一分子，她们中的许多人和我一样，只想回到自己原来的生活。"[9]

在监禁期间，霍奇也丝毫没闲着。她通过阅读有关创业的书籍，继续发展自己的商业技能，并为狱友们审阅商业计划。她还阅读了一些有关囚犯的文章。例如，她了解到，美国 25% 的孩子的父母都在服刑，而其中 30% 的孩子最终也会入狱。

在监狱里，她也有足够的时间去忧心忡忡。

　　我颓丧地坐在监狱里，知道技术正在改变世界，而我却被甩在了后面。我于 2007 年 1 月 3 日入狱。六天后，苹果公司的创始人史蒂夫·乔布斯站在台上，展示了这款改变世界的设备。他称其为三合一产品，即"一款带有触屏控制的宽屏 iPod，一款革命性的移动电话，以及一款突破性的互联网通信设备"。他是对的，第一代 iPhone 改变了一切。我急切地想知道这对我的生活来说意味着什么，对我未来的工作能力以及与社会同步意味着什么。科技进步和社会变化意味着有犯罪记录的个人越来越难获得金融服务。[10]

除了阅读，霍奇每天都与狱友交谈，了解她们的故事。她们的梦想是什么？她们犯了什么罪，为什么？她们有什么样的家庭背景？她观察到的重要发现是，许多出狱的女性很快又回到了监狱，她想知道这是为什么。答案往往是相同的：没有家庭或者没有家庭支持的女性出狱后找不到工作。

随着时间的推移，霍奇由内而外地理解了这些狱友关于犯罪循环、无可避免的贫困以及渴望新机遇的故事。她开始明白为什么那么多的人又重返监狱，她渐渐明白"如果你找不到一份工作，你就无法自立"[11]。她还意识到，她很幸运地拥有一个充满支持者的社交网络，这里有她的朋友和家人，这让她有生以来第一次感到"荣幸"。

进监狱很容易，回家要难得多。

"当我躺在监狱的铺位上时，我梦想着能够创业。我的目标不仅是给我自己，也是给许多曾经被监禁的女性赋权。"[12] 于是她开始思考这样的问题："我和其他人需要什么呢？""什么样的服务可以帮助犯过罪的人以一种有意义的方式重新融入社会？"[13]

霍奇没有等到刑满释放后才去追逐这个梦想。她开始和女儿劳琳·伦纳德（Laurin Leonard）在监狱探访室里集思广益。到 2012 年霍奇出狱时，她已经准备好为自己的新事业全力以赴了。

霍奇认识到，要切实影响曾经犯过罪的人的生活，就需要跳出传统公共政策的框架，做出开创性努力。因此，她和女儿创立了"使命：启动"组织。曾是企业家的霍奇提出了以业务发展和创业精神为重心的解决方案，帮助那些找不到合适工作的人将他们的技能转化为业务，例如餐饮服务。

对那些找不到工作的人来说，这种企业家精神与其说是一种选择，不如说是一种必要。这也是一种绕过再就业问题的创造性方式，帮助那些有被捕或犯罪记录的人成为个体经营者。除了重返社会的战略之外，"使命:启动"组织还与政府、私营部门和社区发展金融机构（CDFIs）合作，倡导公益技术和公民创新。

在这个过程中，母女俩做出了前所未有的壮举：她们将一个由不同的刑事司法利益相关者组成的群体（从公务员、私企到律师、前服刑人员和社会活动家）联系起来，重新思考刑事司法政策。"使命:启动"组织资助了几项倡议，包括公平就业倡议（执行公平雇佣立法）和改过自新 DC 计划（封存犯罪记录）。该组织还发起了一系列为期两天的合作活动——"黑客马拉松"（hackathons），程序员、数据学家、企业家、设计师、工程师和政策制定者可以在活动中快速创建解决方案，以应对"重建融入社会机制"的挑战。2015 年，"使命：启动"组织启动了为期 16 周的"创业训练营"，其中创业加速器 ① 获得了美国小企

① 创业加速器是介于孵化器和科技园区之间的一种中间业态，是在企业创办初期或者企业遇到瓶颈时，提供空间、管理、资源、合作等支持，从而帮助企业做大或转型的新型空间载体。——译者注

业协会（US Small Business Association）的 5 万美元奖金，并以此吸引了来自其他基金会和公司的配套资金。

霍奇非常善于结交盟友，并通过频繁参与座谈和担任演讲者（她的演讲包括 2016 年的 TEDx 演讲）来提升她的组织的形象，利用她在监狱里的亲身经历来赢得支持。凭借这种曝光优势，她与创作歌手约翰·传奇（John Legend）和他的"自由美国"（Free America）倡议建立了合作关系，并与美国银行（Bank of America）建立了合作关系。

数据导向的解决方案

2016 年，霍奇迎来另一个重大转折点：她收到了一家社区银行的请求，要求审查一名有犯罪记录的贷款候选人。霍奇说："他们不知道如何评估她。"[14] 在接下来的三天里，霍奇和她的女儿努力寻找可以帮助完成任务的现成工具，结果什么也没找到。但她们并没有放弃，而是决定列出一些贷款方在给有犯罪记录的人审批贷款之前应该考虑的因素。霍奇非常清楚需要列出什么。几天之内，她的团队就创建了一个框架。

团队的分析显示，该申请人具有信贷风险。但这也给霍奇上了宝贵的一课。"没有人会花三天时间去审查一个人，"她说，"我意识到说'不'会更容易，但没有人应该永远被拒绝。"[15] 继而，她认为，一种可以为客户进行此类分析的新技术平台可能是有市场的，就像雇主、银行和其他机构利用外部供应商对申请人进行信用检查一样。很快，她们的工作产生了连锁反应，其他社区贷款人也向她提出了类似的要求，于是霍奇说服了一名软件工程师开发了一种金融技术工具，该工具可以执行她的团队刚刚完成的那种分析。

结果，R3 Score 诞生了，这是一个由算法支持的风险评估工具，它可以评估一个人的犯罪历史，以及志愿者工作、教育、信用记录、就业经历和个人披露的其他信息，从而为未来的雇主、金融机构和房东降低风险。R3 Score 会生成一个分数来预测未来的趋势，评分范围从 300 分到 850 分，特地模仿了信用机构用来评估个人信用记录的 FICO 评分[①]。这个数字越高，此人的风险就越小。

通过提供来自第三方的更细致的数据导向的风险评估，霍奇希望她能使金融机构、房东和雇主对某人是否具有良好的信用、住房和就业风险做出更明智的判断[16]。R3 Score 可以替代传统的背景调查公司出具的报告，而这些报告完全由犯罪记录组成。"我们应该取缔仅仅因为有犯罪记录就取消应聘者资格的做法，这很重要。人力资源专员也必须了解他们需要确定应聘者资格的其他标准，"霍奇说，"入过狱的人需要找到重返职场的方法，人力资源专员需要找到方法对他们进行筛选，而不是全部剔除出去。"[17]

2017 年与银行共同参加的 Beta 测试[②]证实了 R3 Score 的价值。霍奇和她的团队还与两个社区发展金融机构和一家初创企业合作，更好地了解它们的需求。在撰写本文时，霍奇带着 R3 Score 已经与 5 个合作伙伴签订了合同，以资助有犯罪记录的企业家。最近，在新冠肺

---

① FICO 评分是美国的个人信用评分系统，通过评估客户的信用偿还历史、信用账户数、使用信用的年限、正在使用的信用类型、新开立的信用账户，来评估客户的信用风险。——译者注

② Beta 测试是一种验收测试，是软件产品完成了功能测试和系统测试之后，在产品发布之前所进行的软件测试活动。它是技术测试的最后一个阶段。——译者注

炎疫情导致失业率飙升、企业商誉下降的背景下，霍奇决定转向。R3 Score 没有完全退出 B2B 市场，而是转向了 B2C，直接针对消费者，而不是企业、社区发展金融机构和其他商业客户。她们旨在提供一种"免费增值"模式，资金来自慈善机构和投资者，目标是在 2020 年底前将 1 万份报告分数交到消费者手中。

说这话还为时过早，但 R3 Score 有真正改变游戏规则的潜力，可改善数百万因犯罪记录而处在社会边缘的人的社会生活。

"我们不应该放任雇主歧视数百万美国人，把他们困在刑期和他们 5 年、10 年、15 年、20 年甚至 30 年前犯的过错中，"霍奇说，"我们需要帮助那些出狱回家的人恢复劳动力，这样他们才能成为好的父母、优秀的社区成员，才可以照顾他们的家庭。"[18]

"外星人"思维是什么？

我们与费舍尔和霍奇这样具有"外星人"思维的人有什么区别呢？费舍尔和他的团队是如何将埃博拉病毒的临床研究进展与积极的液体复苏治疗联系起来的呢？回过头来看，这项策略似乎是显而易见的，但如果真的这么明显，为什么其他人没有发现呢？

为什么在霍奇之前，没有人想到为有犯罪记录的人创建一种更详尽的风险评估工具？至少对雇主、金融机构和房东而言，大多数有被捕或犯罪记录的人都自动（而且往往是不公平地）被剥夺了重新融入社会的机会，这不是什么秘密。

答案是，像"外星人"一样思考的人凭直觉或有意识地应用了"外星人"思维框架，它包含：关注（attention），即聚焦于特定环境或群体，以了解其动态和潜在需求；悬浮（levitation），即跳出框架，拓展和丰富自己的见解；想象（imagination），即展望前所未有的事物，然后产生前卫的理念；实验（experimentation），即把一个有前景的想法变成一个可行的解决方案，以满足实际需求；导航（navigation），即自我调节，以适应那些可能决定方案成败的因素。

通过学习费舍尔和霍奇的案例，我们可以梳理出"外星人"的三个关键特征。

有理有据的叛逆者

"外星人"质疑别人看来理所当然的事物。例如，费舍尔注意到并大胆指出，现有的方法助长了埃博拉病毒的传播，而不是抑制了传播。同样，霍奇对传统背景调查公司的模式提出了异议——这些背景调查报告完全由被捕记录和犯罪记录组成。但费舍尔和霍奇并不是为了反抗而反抗，他们"扰乱"既定秩序的目的是解决重要的问题。"外星人"不因循守旧，他们也尊重更高层次的目的，这是他们寻求改进的动力。他们致力于在商业和社会中实现有意义的变化，他们也完全明白被误解为叛徒或我行我素的人是很危险的。费舍尔和霍奇都非常明确地关注着他们想要做的事和他们想要服务的人。

好奇心的集大成者

"外星人"以人为中心，试图理解他人的动力是什么、是什么构成了他们的世界。费舍尔和霍奇都是通过对个案的兴趣，以及与那些有困难的人交流来学习的。但他们都有系统性思维，能够考虑更广泛的问题和涉及的多个利益方。例如，费舍尔在尝试用不同的方式应对埃博拉病毒的传染周期之前，首先试图弄清楚病人护理的整个过程。针对有前科的人，霍奇重新思考了关于他们的整个风险评估方法。然后，她为这些人创建了一个便于理解的评分体系，以 FICO 分数为模型。因为机构已经很熟悉 FICO 分数，而且许多机构已经使用 FICO 分数来评估借款人和应聘者。

富有创造力的问题解决者

"外星人"将他们的创造力与他们所拥有的任何分析工具结合起来。即使在资源紧缺的环境中，费舍尔和他的团队也表现出了相当大的创造力，使用大米和迷你冰箱来最大限度地发挥他们有限的技术的效力，并在恶劣的环境中扩展其性能的边界。在更大的范围内，霍奇利用技术来量化个人和机构的历史，并对其未来进行预测。她利用科技来增强自己的创新能力，并针对困扰美国刑事司法系统的棘手问题开发出具有独创性的解决方案。

避免成为牺牲品

费舍尔和霍奇的案例表明，"外星人"思维框架可以为人类带来突破性的解决方案。

21 世纪初，未来学家伊迪·韦纳（Edie Weiner）和阿诺德·布朗（Arnold Brown）认为，摆脱现有行事方式的先进理念可以解放我们的思想，拓展我们感知的界限[19]。过于熟悉之感会让人难以用创新的方式迎接未来。"外星人"更善于从公正的角度看待这个世界，他们不会囿于束缚我们的洞察力和创造力的假设、偏见和条条框框。

"外星人"可以毫无偏见地看待我们这个世界，这种令人耳目一新的想法，为本书提供了最初的灵感。为了提高我们想象事物可以如何变化的能力，我们必须调整镜头，像"外星人"那样看待事物。

但要实现这种视角的转变并不容易。

首先，"外星人"思维框架的运用存在许多心理障碍：偏见限制了我们注意事物的能力，以及改变方向的意愿。当一个房间里的"外星人"并不容易，我们大多数人天生具有从众倾向，因此很难成为对事物总是持不同看法的不合群的人。另一个特别有害的偏见是，相较于因为坚持通常的做法而导致不好的结果，我们更容易对尝试新事物而导致不好的结果感到后悔[20]。换句话说，我们会因为引入了行不通的创新理念——像"外星人"一样思考——而惩罚自己。

其次，即使我们设法产生了原创的理念或可能的解决方案，我们也永远不知道它们会被如何接受。科幻小说和电影告诉我们要警惕外星人——不是因为他们总是坏人，而是因为我们永远不知道他们的意图。对于像"外星人"一样思考的人也是如此。如果你不能评估一个新点子可能产生的影响，你可能会以怀疑的态度对待它和它的发起者。一个有趣的例子是詹姆斯·戴森（James Dyson）和他的无尘袋真空吸尘器，包括飞利浦、伊莱克斯、百得和胡佛在内的几家制造商拒绝了这款吸尘器，因为这会对它们利润丰厚的替换袋的销量造成威胁。更能说明问题的是，胡佛当时的欧洲区董事随后表示懊悔："我真的很后悔没有把戴森的产品技术拿走,把它放在架子上,这样它就不会被人使用。"[21]

这种反应体现了现实中强大的阻力。组织试图保护自己不受新理念的冲击是完全可以理解的。没有人能预知一个原创的想法是会让业绩提高还是降低。在这种情况下,可能的结果是,如果一款成功的产品会破坏组织的商业模式和行业规范,该组织则宁愿阻止该产品进入市场。公司的"免疫系统"可以调动许多力量,抵制可能会破坏原有秩序的想法,阻止令人不安的先进理念。

对"外星人"思维的抵制无处不在。因此,你面临的双重挑战是:学习如何像"外星人"一样思考,避免成为这种颠覆式创新的牺牲品。

我们的思维框架可以帮助你实现这两点。

突破性解决方案具有飘忽不定性

过去 20 年的数字科技发展使更多的人能够展现创造力商数[22]。世界各地以非传统方式思考的人前所未有地获得了他们所需的分散型知识、人才、资本和消费者,以便进行创业或围绕一个伟大的想法开展行动。创新已经彻底大众化了。

然而,突破性解决方案仍然难以获得。抛开网络服务中断的影响,我们还没有看到创新在各行业大量涌现的情景。包括泰勒·考恩(Tyler Cowen)和罗伯特·戈登(Robert Gordon)在内的受人尊敬的经济学家们曾谈到"创新停滞"[23]。顶尖的商业思想家加里·哈默尔(Gary Hamel)指出,企业中充斥着两类想法:越来越多的无脑想法和不切实际的无用想法[24]。在我们与创新团队的工作中，我们看到许多有前途的想法要么消亡，要么最终成为肤浅、狭隘或扭曲的解决方案。

我们理解创新的流程在很大程度上是以设计思维和精益创业方法论①为导向，考虑到这一点，你会发现进展迟滞令人震惊。诸如"以用户为中心"、"构思"和"支点"一类的术语已经变得司空见惯，并且改变了创新人士和组织设计新产品的思维方式。然而，研究公司CB Insights 的数据显示，尽管有这些指导思想，但只有 43% 的企业拥有专家认为的明确的创新流程[25]。企业正在缓慢而毫无疑问地失去对其创新能力的信心。

当我们与企业家和高管谈论现有的创新框架时，他们的批评主要集中在三个互相重叠的问题上。"外星人"思维框架致力于解决每个问题。

框架不现实

例如，仍然具有影响力的瀑布式（waterfall）方法②或门径式（stage-gate）方法③过于线性，很少考虑可能需要的活动的曲折性[26]。斯沃琪（Swatch）的创始人、连续创业者艾尔玛·默克（Elmar Mock）

---

① 源于硅谷的一场创业思维运动，核心是认为创业不是关于假设或者计划的一门科学，而是关于如何在创业过程中用科学试错的方式来积累认知、如何提出假设并用科学试错的方式来验证假设的方法。——译者注

② 瀑布式工作法是指一起制定规划，然后各部门分头执行的工作方式，是很多公司都会采用的工作方法。——译者注

③ 门径管理流程主要由阶段（stage）和关卡（gate）组成。一项决策将通过层层关卡，并得到把关者（gatekeeper）的认可才能通过。——译者注

在播客中说道："创新者非常自然的本能是以非线性的方式前进，从概念到技术再到概念，重新审视你的概念，重新寻找新的技术，从而再次改变你的概念。"[27]

设计思维提供了更多的灵活性，因其强调理解用户需求，鼓励发散思维，并通过不断的试错促进想法的迭代。它认识到创新是非线性的，它通常凭借多个反馈循环发展。不幸的是，在设计思维中，这些循环通常遵循老套的路径，从测试回到原型制作、头脑风暴，甚至重新定义问题，而创新则以更随意、偶然和意外的方式产生。

相比之下，"外星人"思维提供了框架内的自由。它捕捉到了许多历史性突破出现的流动方式，承认创新可以从任何地方开始，遵循任何路径，并发运行且反复循环。唯一的规则是，你必须在"外星人"思维框架的五大构成要素上分别投入时间，这样才能推动创新获得成功。

框架不完整

现有的创新框架没能充分认识到创新的数字化，也没有展示技术如何强化设计思维中具有影响力的"以人为本"的原则。数字技术提供了许多新的方式，通过利用终端用户的体验来实现共情，而不一定要身临其境和站在别人的立场上。比如说，因为新冠肺炎疫情的影响，近距离观察用户的行为是不安全、不道德的。幸运的是，创新者能使用应用程序、传感器和其他数字技术来研究用户习惯，并注意到人们不易被注意到的有趣的行为模式。

与我们交谈过的企业高管们也对时下流行的"强调行动"和"快速迭代"（精益创业的核心理念）提出了质疑，因为它们忽略了反思对创意的影响，而且反思往往被误解为拖延。最后，现有的模型很少为人们在创新之路上如何管理情绪提供指导。"外星人"思维将创新者的心理考虑在内，有时寻求突破性解决方案会带来焦虑、困惑和沮丧，而当一切顺利的时候，你会情绪高涨。现有的模型在帮助创新者驾驭这种持续不断的情绪旋涡方面没有多大帮助，难怪这么多创新的举措都失败了。

框架有误导性

现有的创新框架忽视了制约原创性思维的各种陷阱和偏见，尤其是在组织中。例如，由于需要坚持沉浸在用户的世界中，设计思维忽略了（或者至少是淡化了）其他利益相关者在创新过程中的作用，也忽略了动员他们支持新的解决方案时需要的创造性。

高管们知道，要想设计出巧妙的解决方案，他们必须打破范式、转变思维方式，但当涉及交付方案时，他们通常会陷入常规思维模式。索尼阅读器的失败就是一个很好的例子，用于开发这款时髦的产品的所有创造力都因为在执行中缺乏创意而付之东流。索尼忽视了与图书出版业结盟，但亚马逊没有犯这个错误，它虽然推出了一款技术上较差的产品，却使得用户能够轻松下载电子书。

为了让你的优秀解决方案茁壮成长，你需要与非传统的合作伙伴接洽（就像世界卫生组织接洽费舍尔那样），确定未被充分开发的渠道，并发明新的商业模式[28]。你需要在引入和提供产品方面投入与开发产品一样多的创造性精力。

总的来说，现有的创新框架过于死板，往往难以实时调用。它们也忽视了现实中挑战正统观念的风险，特别是当你作为组织中的一分子时，你会被忽视、排斥、调动或解雇。

"外星人"思维框架充分认识到，在被轻视的"实施"阶段，要让可行的解决方案最终成功，需要智慧和巧思。

对抗正统思维的解药

"外星人"思维框架为我们提供了蓝图，使我们得以摆脱从众心理，为重要问题设计出真正的突破性解决方案。我们必须一一考虑这五种策略：关注（attention）、悬浮（levitation）、想象（imagination）、实验（experimentation）和导航（navigation），即 A.L.I.E.N（"外星人"）。为了说明这个框架，我们回到费舍尔和霍奇的案例中。

关注是努力注意特定环境或群体，以了解其动态和潜在需求的行为。通过关注村民们对隔离的恐惧，费舍尔开始明白，只有病人的治疗效果变得更好，他们才愿意进入隔离区接受治疗，而不是合起伙来躲避医生。在资源紧缺的环境中，受防护服的限制，他还学会了利用视觉和触觉更密切地关注病人的其他症状。在霍奇的案例中，她关注监狱囚犯的累犯行为，并询问她们为什么又被关进了监狱，她从这些女性那里得到的答案促使她开始寻找解决方案。

悬浮是通过跳出框架或"抽离"的行为，来扩展和丰富你的见解。在对某一需求或挑战的现实情况有了深入了解之后，你需要空间来理解这些发现，弄清它们的含义，并为你的思维提供灵感。费舍尔和他的同事们利用吃饭时间"后退一步"，获得新的视角，这就是为什么最好的点子往往是在他们一日三餐的讨论中产生的。霍奇反思了狱友的人生故事，还阅读了一些揭示囚犯再三入狱的潜在原因的文章。她思考打破恶性循环的方法，直到她明白出狱的囚犯最需要的是获得就业、住房和融资方面的机会，而因为他们的犯罪记录，他们往往无法获得这些机会。

想象就是展望前所未有的事物，然后产生前卫的理念。尽管想象力常常带有神秘色彩，但它本质上是在现有概念之间建立创造性联系的结果——以新的有趣的方式将不同概念关联起来。费舍尔设想了一个隔离区，它能带来真正的希望，而不是让病人孤独地走向死亡。他从治疗其他类型的严重病毒感染的方法中获得了灵感。霍奇设想成立一个非营利组织，与金融机构和社区组织合作，帮助曾经被监禁的人获得贷款，并创办自己的企业。

实验是将有前景的想法变成可行的解决方案，以满足实际需求的行为。费舍尔尝试了未经实验的积极补液、抗生素和抗疟疾药物的组合方案，他还试图将幸存者的血浆注射给正在对抗埃博拉病毒的患者，以增强他们的免疫系统[29]。霍奇对某个贷款申请者的审查使她意识到，能够执行此类分析的技术平台可能会有市场，这促使她找来一位软件工程师创建了金融技术分析工具，也就是后来的 R3 Score。

导航是一种调节行为，目的是适应那些可能决定你的方案成败的因素。你对解决方案的信心以及对环境的过度熟悉，会导致你低估动员支持者和克服障碍所需的努力。费舍尔不得不说服世界卫生组织当局改变应对埃博拉病毒的方案，他还鼓励与该地区的其他社会组织交流最佳做法："我们一直在互相交流分享。有一次，我们向他们展示了我们用冰箱做了什么，我们会讨论当前用来应对困难的不同策略。"[30]霍奇努力招募支持"使命：启动"和 R3 Score 的个人和组织，邀请个人和组织参加会议、体验日、黑客马拉松和其他活动，以提高人们对问题和她的解决方案的认识。她没有试图与根深蒂固的体制进行正面对抗，而是往往绕过体制，帮助有前科的人通过自主创业更好地自助。

非常规思维者需要一个简单的、共同的、纲领性的框架来开发具有突破性的解决方案。他们需要指导，以摆脱制约创造力的各种心理障碍，在整个过程中利用能够提升智力的数字工具，并避免在开始以真正的原创方式思考和行动时因为威胁到标准（和安全）的做事方式而被击败。正是为了应对这些挑战,我们开发了"外星人"思维框架。"外星人"思维的五个要素是按直观上的顺序提出的，但许多成功的发明是以不可预知的方式展开的，因此实际上你可以打乱顺序、不按部就班，利用每个要素来丰富过程中的任何阶段。

这个框架包含人们熟知的主题，比如关注我们生存的世界、激活我们的想象力、以巧妙的方式进行实验等。尽管这些主题都不算特别有革命性,但实施方式会使效果截然不同。拥有"外星人"思维的人（后文中统称为"外星思考者"）思考方式与众不同，往往能够找到有效的原创性解决方案来解决他们面临的任何问题。

要点总结

• 像"外星人"一样思考的人，如费舍尔和霍奇，都是有理有据的叛逆者。除了质疑别人认为理所当然的事情之外，他们还是：

》好奇心的集大成者：试图理解他人的动力是什么、是什么构成了他们的世界。

》富有创造力的问题解决者：将他们的创造力与他们所拥有的任何分析工具结合起来。

• 尽管"外星人"思维倾向可以带来突破性解决方案，但培养这种思维并不容易。发展"外星人"思维面临许多心理障碍——偏见限制了你注意事物的能力、创造的能力和改变方向的意愿。

• 正如戴森和他的无尘袋吸尘器的例子所表明的，颠覆性创新者及其想法通常会损害既得利益者的利益，因此常常不被信任。

• 尽管在过去的二十年中数字化推动了创新的大众化，但突破性解决方案仍具有飘忽不定性，部分原因是现有的创新框架往往是不现实、不完整或具有误导性的，或者三者皆有。

• "外星人"（A.L.I.E.N）思维是对抗正统思维的解药，包含五大策略：关注（attention）、悬浮（levitation）、想象（imagination）、实验（experimentation）和导航（navigation）。

问问自己

1. 在你的圈子里，你认为谁是像"外星人"一样思考的人？为什么？

2. 你能不上网搜索就回忆起一个简单的创新框架吗？

3. 当遇到新颖的想法时，你的本能反应是什么？

第二章

关注：用新的眼光看世界

一位名叫纳拉亚纳·皮萨帕蒂（Narayana Peesapaty）的印度农村发展研究员注意到，多年来，尽管降雨量没有变化，地下水短缺却影响了印度一半以上的人口。随着时间的推移和研究的深入，他开始解开这个谜团。结果是，由于政府补贴，印度农民几乎不用支付电费，在这个因素的刺激下他们不断地使用水泵，致使印度抽取的地下水比美国和中国加起来还要多[1]。

但这一发现引出了另一个谜团：为什么使用地下水和廉价的电力不能为印度农民带来更好的收成和更高的收入？更多的水和更低的管理费用应该产生更多的利润，但情况却不是如此。相反，许多农民挣扎在温饱线上。

在深入挖掘之后，皮萨帕蒂终于找到了罪魁祸首：大米。尽管印度的大米销量没有增加，但每年有越来越多的土地被用于种植水稻，取代了高粱的生产。

水稻是一种极度喜水的作物。"种植出一千克大米需要5 000升水，"皮萨帕蒂说道，"一吨大米需要500万升水。具有讽刺意味的是，每年都有成千上万吨大米在全国各地的仓库里浪费掉。"与此同时，种植高粱的农民正苦不堪言，因为"其他经济作物使他们丧失了继续种植农作物的动力，而且地下水的水位也下降到了危险的程度"[2]。

可食用的勺子

皮萨帕蒂做了一些不寻常的事。科学顾问或研究人员的典型反应可能是向当局施压，让他们引导农民种植资源密集度较低的作物，比如小米。这正是研究人员所做的，他们试图说服当权者采取行动。

但皮萨帕蒂一直是个叛逆的人。他推断，如果是市场作用造成了这个问题，那么市场作用就能解决这个问题。他不等别人来解决难题，而是要亲自去做。他要为小米找到一种新的用途，这种谷物消耗的水不到大米的 1/60。唯一的问题是，要怎么做？

最初，皮萨帕蒂采用了传统的方法，尝试推出以小米为原料的食品，以刺激大众的味蕾，比如面包和早餐麦片。但他很快就把这些想法抛到一边了，因为没有人会买这些食品。

是时候打破常规思维了。

"在从艾哈迈达巴德飞往海德拉巴的航班上，空乘用食品级塑料为我提供茶点。我拿着勺子思考着：根据航班的数量和乘客的数量，产生的垃圾会有多少？我突然灵光一现，回想起了在一次实地考察的时候，我们用烤硬的面包（由小米面粉做成）舀咖喱和木豆。我有了一个念头：以小米为原材料制作一款三维立体的勺子。"[3]

没过多久，皮萨帕蒂就不再只是有一个念头了。他辞掉工作，创办了一家食品类的个人有限公司——Bakeys Foods Private Ltd，生产一系列由小米面粉制成的可食用餐具。如果这一概念获得成功，对小米的需求量将会增加。反过来，还能说服更多农民种植这种高度可持续生产的作物，减少对地下水和电力的使用，减少送往国家垃圾填埋场的不可降解塑料的数量。

当然，这事说起来容易做起来难。

九年来，皮萨帕蒂一直没有收入，他一直在努力发明一种耐用的勺子，这种勺子经得起热汤或咖啡浸泡，又足够柔软，可以在消费者吃完饭后食用。他还想让勺子具有可口的味道（甜味和咸味），这样它们就可以与任何膳食搭配，用户也就不太会把它们扔掉。

皮萨帕蒂花了很长的时间来完善烘烤过程，以及更长的时间来为这些勺子寻找市场。有一次，他甚至尝试在杂货店和公园外出售这些产品，但很少有人感兴趣。为了资助这项事业，他卖掉了自己在巴罗达和海德拉巴的房子，举家搬进了公寓。他将钱用于研发，但到2016年，即公司成立十多年后，他的投资几乎没有任何回报，财务状况变得岌岌可危，银行甚至威胁要收回他的公寓。

当一个聚焦正面新闻的网站"更好的印度"（Better India）的摄制组赶来拍摄关于Bakeys公司的视频时，皮萨帕蒂的情况看上去很糟糕。这段视频播出后，他的"可食用的勺子"一夜之间引起了轰动。电子邮件以每秒一封的速度涌入。每次皮萨帕蒂接完一个电话，他就会发现又有几十个电话打进来。这段视频仅在第一周就获得了500万的点击量。很快，皮萨帕蒂和妻子就收到了世界各地的客户的数百万份勺子订单[4]。

　　如今，消费者对这种促进可持续农业、减少世界各地垃圾填埋的产品反应热烈，这对环境和种小米的印度农民来说是一个双赢的局面。

　　具有讽刺意味的是，很多人意识到了印度的地下水正在枯竭、水稻的种植正在挤占小米的种植、农民用电过度以及塑料餐具造成的浪费，但没有人关注过这些现象之间的联系。皮萨帕蒂花了一些时间将水稻的种植与地下水的减少联系起来，当时，他的第一反应并不是发明可食用的勺子，而是推出新的食品来增加对小米的需求。直到他的注意力转移到塑料餐具上，他才开始重新关注这一情况。直到那时，他才有了灵感，为这个紧迫的问题提出一个原创性的解决方案。

关注是什么？

　　关注是以积极的态度看待世界，观察需要解决的问题、值得抓住的机会，以及可以显著改进棘手局面的解决方案。关注有两个关键属性：减少可选性，专注于某些事情，同时将注意力从其他事情上转移过来；增加对事物的认知，将更多的精力投入对特定的人、事物、经历或环境的研究中。

　　集中注意力，投入更多的时间和资源来研究一个现象，可以增加你注意到有趣的和被忽视的因素的机会。关注还要求你将注意力全部集中在某个情况或信息来源上，这意味着精力不能分散。因此，关注是一种可选择的行为。有如此多的信号在抢夺我们的注意力，我们必须选择关注的方向，必须把注意力放在情况的某些方面，而在很大程度上忽视其他方面。由于这个原因，特别是当我们处理大量数据时，很容易（也很经常）错过或忽略微弱模糊的信号。

比如说，如果你养宠物，你可能很熟悉在为饥饿的猫猫狗狗准备食物时它们所跳的"快乐之舞"（跳跃、摇尾巴、打呼噜和用爪子挠）。然而直到最近，宠物食品公司才意识到宠物主人从这种表现中得到的巨大快乐。因此，这些公司设计了需要更长备餐时间的优质产品，以增加对宠物主人的情感奖励。事实上，健康和方便并不是宠物主人唯一关心的标准，然而他们却不知道这点[5]。

有选择性的关注

当我们把注意力转向某件事时，我们必然会把注意力从另一件事上移开。因为注意力是一种选择性活动，所以我们必须选择把注意力集中在什么地方。这种注意力的分配指导个人和组织如何与外部环境相互作用，决定了人们注意和忽略哪些刺激。

皮萨帕蒂不是第一个注意到印度地下水水位下降的人，但他是（我们已知的）第一个关注到这些趋势背后原因的人。他不考虑"降雨量的变化"这个看上去最有可能的原因，而将注意力转向了农业生产的变化。就在那时，他发现了种植水稻是一个主要因素，于是辞去工作，开始实地调查。他看到了种植水稻所需的用水量，看到了电力补贴对抽水成本的影响，看到了过剩的大米在仓库里腐烂、引来老鼠。他意识到了自己需要做点什么。

注意力的局限

并非所有的关注都能带来突破性见解。过去的经历决定了你如何看待这个世界，影响了你认为什么是重要、有趣或新颖的，以及你觉得什么是理所当然的。因此，你的条件反射可以通过将你的注意力引导至特定的方向上，影响你注意到的东西，使你对偏激的见解视而不见，从而干扰关注的质量。仅仅关注某件事并不总能带来突破性见解。

特别是，你以前的职业经历可能会影响你看到的东西。法国人称其为职业畸变（déformation professionnele），这是一种偏见，使你通过由你的工作、培训和职业经历组成的扭曲的镜头来观察现实。你看到的不是世界本来的面目，而是作为律师、工程师或平面设计师所习惯看到的样子。这不是需要足够的意志和集中注意力的问题。无论是你的职业习惯还是文化习惯，都会对你的注意力产生巨大的影响，它们不仅在你观察特定事物时加上滤镜，还影响你从观察中得出的结论。

以 21 世纪初的芬兰公司斯道拉恩索（Stora Enso）为例。成立于1288 年的斯道拉恩索是世界上历史最悠久的有限责任公司，也是欧洲最大的纸张和纸板制造商。该公司沉浸在辉煌历史和传统思维中，由上而下秉持管理团队关于树木的特殊观点，将全部精力投身于纸浆行业，这就是问题所在。不知不觉中，这种狭隘的观点限制了公司管理团队的注意力和创新能力；而在当今世界，由于数字出版的缘故，纸制品的销量正在迅速下降，公众对砍伐树木导致毁林和全球变暖的行为越来越不能容忍。

面对不断下滑的销售额，首席执行官康佑坤（Jouko Karvinen）和他的管理团队做出了意料之中的反应：减产并裁员 2 500 人。后来，康佑坤从杜邦公司聘请了一位化学家加入该团队，公司的世界观就此被彻底颠覆。

据康佑坤的描述，这位新人带来了与众不同的见解："他没有从树根、树干、树枝和树叶的角度来看这棵树。对他来说，树是纤维素、碳和糖的组合。他说：'你们只使用了这棵树 45% 的价值。'这真是令我大开眼界。"这个简单的观察结论被证明是至关重要的，它鼓励了该组织探索新的业务渠道，最终促使有百年历史的斯道拉恩索转型为一家可再生材料公司 [6]。

当谈到产生创新见解时，你所关注的事物的质量和数量一样重要。但真正要紧的是你所关注的事物的新鲜度和广度。

外星人前来救援

想象一下外星人从许多星球来到我们的世界，他们带着不同的知识和专业技能来到这里，但他们很快意识到，他们的背景与他们试图理解的这个新的星球没有什么关联。于是，他们抛开思维定式，敞开心扉接受不同的现实。他们看到的是世界的本来面目，而不是他们希望的那样。

显然，要清空头脑中所有的先入之见是很困难的。但是，至少你可以清楚地表达你的假设。简单地列出你最初的观点和期望，这有助于你更清晰地认识到自己具备的知识和观念。一旦你在纸上写清楚了你的参照体系，那么你就知道自己在对抗什么，以免轻易下结论。

想要建构意义、探索你想要改变的任一领域的各个方面，你需要对正在发生的事情有更丰富的认识，发现变化的第一个指标（微弱信号），并检测出异常现象。简而言之，你需要找到观察世界的不同方法，这样你才能发现人们错过的东西。

有两种方法可以提高注意力的质量：你可以尝试看得更清楚，或者从不同角度来看。

如果问题在于获得更高的清晰度或更广阔的视角（看得更清楚），你需要推拉镜头。如果你在寻找一种新的视角（从不同角度来看），你需要把镜头对准另一个方向，转换镜头焦点。这些技术为关注不同类型和来源的信息提供了相辅相成的方式。

调整镜头

为了看得更清楚，你可以把镜头推近或者拉远；要想从不同角度看问题，你需要转换焦点。

把镜头推近

使用特写镜头可以进行更细致的观察，捕捉差别细微、不协调、反常和微弱的信号，借此深入了解看上去与事件相关的、有趣的情况或人群。例如，穆罕默德·尤努斯（Mohammad Yunus）正是通过密切关注贫困村民，并与一位卖竹凳的妇女进行深入交谈，才意识到需要一种新型金融援助：小额信贷。

尤努斯在美国范德堡大学获得博士学位后，回到他的祖国孟加拉国，在吉大港大学担任经济学副教授。1974年的一天，他带着学生到当地的一个村庄实地考察，目的是了解穷人的困扰和经济学的现实问题。这个村子就是他们的"大学",村民们就是他们这一天的"教授"[7]。

在旅途中,他的注意力被一名制作漂亮竹凳的妇女吸引住了。通过和她的交谈,尤努斯了解到她所面临的困难:她每天只能挣两美分。因为没有周转资金,她不能自己采购竹子,不得不从一个商人那里购买,这个商人强迫她以非常低的价格把凳子卖给他,以至于她根本存不下钱。由于陷入贫困陷阱,她无法为自己的生活创造必要的"缓冲带",使生活水平提高到维持生计以上。此外,她不是唯一陷入这种困境的人。

后来,尤努斯带着一名学生回来对整个村庄进行调查。他们花了一周的时间走访村子里的家庭,编制了一份名单,列出了 42 个同样被放高利贷的人。他们发现,总共花费不超过 27 美元就能把这些人从困境中解救出来。于是,尤努斯决定自掏腰包向他们提供贷款。他回忆说:"这个小小的行动在人群中引起的兴奋,让我决定进一步参与其中。"[8] 在这些小额贷款全部偿清后,尤努斯不禁问道:"为什么不多做一些呢?"[9] 就这样,小额信贷的想法诞生了。

无论是作为观察者还是参与者,把镜头推近都有助于避免观察不精确或流于表面。

把镜头拉远

使用广角镜头可以捕捉到更大的模式和趋势,从而扩大注意力的范围。这就是皮萨帕蒂所做的,他通过观察降雨趋势、作物布局上的变化,以及电力补贴对水资源消耗的影响,解开了地下水的短缺之谜。

你也可以通过吸引不同类别的利益相关者,从而把镜头拉远,而不再仅仅聚焦于你想改变的现象。拉远镜头可以帮助你从多个角度观察这个世界。比如说，一家医院若想改善病人的就医体验，可以让病人、家属、医生、护士、保险公司、初创企业和其他利益相关者参与进来，这样可以获得从不同视角提出的观点，从而制定更有效的解决方案。

拉远镜头有助于防止偏见禁锢你的思维，这是因为视角和数据成倍增加，使你更能了解全貌；此外，还能让你发现有趣的重要领域，也就是值得仔细研究的领域。

你需要交替地推拉镜头，以便清楚地了解正在发生的事情，既要看到全貌又要看清细节。然而，这两种技术需要的技能也许不同。推近镜头类似于人类学家进行实地研究时所做的工作，拉远镜头则更像是社会学家在研究趋势、模式和数据以及拆分复杂系统的特性时所做的工作。体现这种差异的一个例子就是"使命：启动"组织联合创始人的例子。霍奇以囚犯的身份近距离研究监狱系统就是在把镜头推近，而她的女儿劳琳研究全国范围内与监禁、再就业、再入狱及其对家庭的附加影响有关的数据则是把镜头拉远。

转换焦点

要想从不同的角度看问题，就需要转换焦点。这通常需要将注意力转向来自边缘的信号——你通常认为很边缘化的信号。考虑一下边缘人群的需要，花时间和他们待在一起。

例如，当美国食品公司家乐氏（Kellogg's）为学龄儿童寻找更健康的零食时，其工作人员首先询问了家长、教师、营养学家和孩子们的看法。尽管这些采访有一些帮助，但往往是做无用功，很少有新的观点，他们还能向谁寻求更新颖的视角呢？

在努力转换焦点的过程中，他们发现有更多的利益相关者可供咨询：学校的门卫。门卫对孩子们的饮食习惯中不为人知一面的了解，揭示了人们普遍以为的观念和实际情况之间的差异。事实证明，门卫这个信息源具有丰富的洞察力，因为他们看到了学校午餐的整个"黑市"：哪些食物被交易，哪些被扔掉，还有一个垃圾桶装满了苹果（因为孩子们虽然在食堂排队领取食物但并不一定会吃[10]）。家乐氏利用这些观察改进其核心零食系列。

通过转换焦点，你还会发现，有些人会以奇怪的方式使用你的产品或服务——这种方式可以告诉你关于创新的很多可能性。例如，行业领袖——丹麦玩具公司乐高（Lego）入驻了其成人粉丝群所在的互联网论坛，了解他们对乐高产品的设计和制造的想法。

自 20 世纪 90 年代以来，乐高的成人用户一直在开发新的、更先进的模型，他们在网上与他人分享自己的想法和经验。出于对公司产品线的深刻理解，这些成人粉丝创造了新的战略游戏、模块化建筑标准，甚至是专门的软件。截至 2012 年，互联网上有超过 150 个乐高用户群体，全球有超过 10 万名活跃的乐高成人粉丝。他们中的许多人通常从童年开始玩乐高，已经体验了几十年的产品了。

起初，乐高的高管们和设计师们对这种以粉丝为基础的创新成果反应不一，有的漠不关心，有的完全敌视。乐高作为一家高度私营的公司，严格管控自己的产品和知识产权，甚至一度关闭了粉丝论坛。好在乐高很快就改变了主意，认为合作的好处远远大于风险。

　　自 21 世纪初以来，乐高通过"大使计划"与成人粉丝建立了正式的关系，利用他们的热情、创造力和专业知识开发新产品和营销方案。乐高还就新产品线和设计向用户征求反馈意见。乐高的管理层认识到，当乐高的粉丝拥有其员工所不具备的专业领域知识时，合作才能发挥最佳效果——比如，在建筑或传感器设计和制造领域具有较高专业水平的粉丝，都是专营市场中的佼佼者[11]。

　　乐高的在线平台 Lego Cuusoo，为用户提供了向公司介绍自己的创意的机会。Lego Cuusoo 允许粉丝将他们的设计上传到网站上，让其他用户投票，获得一万票的模型将由乐高集团评估其商业化的潜力。如果一个创意被选中成为产品，乐高集团将接管开发过程，提出创意的人可以获得总净销售额的 1% 作为报酬[12]。

　　正如乐高从成人粉丝群的创意中学习到很多一样，清洁产品巨头庄臣公司（SC Johnson）通过观察洁癖强迫症患者未被满足的需求了解产品的缺点，而家具制造商宜家（IKEA）则通过研究"宜家黑客"的设计来获得新的前卫想法。

　　同乐高一样，对于在其粉丝网站上流传的创意，宜家的最初反应是关闭该社区。但在 24 小时内，公司意识到采取法律手段是一个错误，最好的办法是加入他们，而不是试图击垮他们。如今，宜家接受了黑客文化。宜家设计师们参加黑客马拉松活动，在活动中他们互相改进对方的产品，互联网上聪明的黑客头像则被张贴在宜家的办公室墙上[13]。

　　转换焦点有助于你克服因过于狭隘地关注主流人群越来越多的需求而产生的局限性，还能帮助你通过观察服务或产品的非目标用户，来发现微弱的信号和潜在的更广泛的未得到满足的需求——这些用户可以比其他用户告诉你更多的信息。

善用数字技术

数字技术作为对传统的焦点转换、镜头推拉技术的补充，帮助"外星思考者"更好地关注周围的世界。这些技术提供了关注到隐性需求的新方法，使他们能够在更大的范围内追踪人们的行为，而不必人工观察。

例如，2010 年，绿色和平组织（Greenpeace）发起的一场行动对雀巢公司（Nestlé）进行了批判。该组织在优兔（YouTube）上发布了一段视频，谴责种植棕榈树导致印度尼西亚数千公顷的猩猩栖息地丧失。尽管雀巢对栖息地的丧失没有直接责任，但作为棕榈油的买家，它还是被该组织认为是有罪的。

雀巢对此做出的回应是，要求优兔撤下该视频。优兔也照做了。然而，那时候，视频已经在网上疯传。在视频发布的几个小时内，对雀巢的批评就开始出现在该公司的脸书（Facebook）页面上。

雀巢本可以通过谨慎的回应来缓和局势，然而，负责监控公司脸书页面的人，对越来越多的批评表现出了沮丧和愤怒。从批评者的角度来看，公司脸书的负责人并不是作为个人，而是作为公司的代表进行发言。不久后，后续讨论的焦点就从毁林事件本身转变成了雀巢在社交媒体上失败的公关。

在这件事发生后，雀巢完全改变了对社交媒体的态度。雀巢在位于瑞士韦威的全球总部成立了一个数字加速团队（DAT），由来自世界各地办事处的千禧一代轮流组成。这个团队的主要任务是作为一个预警系统，监控社交媒体上提到的有关该公司及其品牌的内容，尤其是关注可能引发巨大负面影响的评论。

截至 2020 年，该团队仍然存在，但对社会舆情的监测已经在很大程度上通过数字工具实现了自动化。包括 Radian6、Brandwatch 和 Sysomos 在内的这些工具，能够监控大范围的线上活动，然后在必要时聚焦特定事件。自动化的社会舆情监测可以进行"大范围扫描"，能力远远超过个人。

数字工具的三个优势

数字工具改进了传统的关注方式，使得关注更具客观性，既允许你推拉镜头，也能释放你的注意力，使其转向其他地方。

客观性

数字工具可以提供更具体、公正的数据，从而消除因为近距离接触和同理心而产生的偏见。

例如，在医疗保健领域，研究人员正在研究帕金森病患者的生活体验。他们让志愿者使用智能手机测量震颤（这一功能可以让你看到人像和风景）、肌肉张力（通过麦克风显示喉头的力度）、无意识肌肉运动（用两根手指快速敲击触摸屏）和步态（走路时把手机放在口袋里）。通过这种方式，他们可以跟踪药物的疗效，不仅是服药前后立竿见影的效果，而且包括长期的效果[14]。这样就可以得到一个更丰富的画面，显示出被调查者实际做了什么——患者的实际行为和他们对药物的反应，而不仅仅是他们说自己做了什么。

规模化

相较于人工追踪，数字工具可以让你在更大范围内追踪行为。例如，德国妮维雅公司（NIVEA）对 200 个社交媒体上有关除臭剂使用的讨论进行了在线分析。与预期相反的是，顾客最关心的不是香味、效果或刺激，而是他们的衣服会被除臭剂弄脏，这一宝贵的信息为一种最终大获成功的新型除臭剂的诞生铺好了路[15]。

数字技术还可以让你转换焦点，从另一个角度看问题。例如，斯坦福大学教授马努·普拉卡什（Manu Prakash）创建了"嗡鸣"（Abuzz）——一个通过制作详细的全球蚊子分布图来遏制蚊子传播疾病的平台，其原理是确定最危险的蚊子种类可能出现的时间和地点，从而使遏制工作更有针对性和效率。

过去对蚊子的监测有赖于训练有素的研究人员和科学家，他们能够识别最致命的蚊子种类。然而，数字技术已经使普通市民可以通过用手机记录蚊子的嗡嗡声来参与监测。

蚊子的种类可以通过其翅膀扇动的频率来识别，这是它们发出特有的嗡嗡声的原因。普拉卡什和他的团队创建了一个蚊子声音库，按种类划分，作为算法匹配的基础。意识到他们希望接触到的欠发达地区的人们可能无法获得最新的智能手机，研究人员设计了这个平台——几乎任何型号的手机录音都能处理。在一项研究中，他们关注的大部分数据是由 2006 年的一部售价 20 美元的翻盖手机记录的。

要想研究哪里可以发现最致命的蚊子也很简单，只要把手机麦克风放在蚊子附近，记录下它飞行时的嗡嗡声，然后把录音上传到 Buzz.com

网站就可以了。研究人员提取原始音频，清理录音中的背景噪声，然后通过一种算法将特定的蚊子嗡嗡声与最有可能产生这种嗡嗡声的蚊子种类进行匹配。因此，研究人员能够用新的方式在更大范围内关注蚊子的问题。这种众包的方式成本低、速度快、易于实施。通过转换注意力的镜头，研究人员获得了大量关于蚊子的新数据[16]。

自动化

由于数字技术使许多过程自动化，人们可以专注于最宝贵的信息来源。关于产品或服务，边缘人士能教给你异于常规思维的新东西，但是想找到他们并不容易，因为他们不在寻常操作的常规范围内。过去，企业不得不花大力气去寻找他们并向他们学习。

数字技术虽然没有解决这个问题，却帮助人们大大降低了难度。在大多数情况下，这些特立独行的领军人物面临着与企业相同的挑战：想要认识志趣相投的人并向他们学习。所以，这些人自己成立组织。在许多情况下，他们以可以相对容易找到志趣相投的人的方式组织起来。

这些组织使用得最多的论坛是 Reddit，这是一个在线社区，截至 2018 年年中，它是美国第四大、世界第八大最受欢迎的网站。该网站的用户人数之多令人震惊：每年有 3 亿多用户阅读近 900 万个帖子中的 7.25 亿条评论[17]。

Reddit 将内容分为一个个称为 subreddits 的板块，每个板块都关注一个特定的话题。2017 年初，该网站的板块数量超过了 100 万。

之前，我们分析了乐高是如何向成人粉丝群体学习的。其实，Reddit 上有一个专门为乐高的成人粉丝设立的板块，有超过 1.4 万的订阅用户。此外，还有许多关注不同用户类型、不同产品类别和游戏体验的板块[18]。这些板块为乐高提供了大量的信息和宝贵意见。

Reddit 和其他在线社区提供了一条捷径，以便寻找和关注边缘用户、非传统方式思维者和其他经常被忽视的有意思的利益相关者。

确定人们真正关心什么

有了数字工具，你就不必像人工观察那样费时费力了。事实上，由于数字工具常常会模糊传统技术之间的界限，它们有时会让你同时获得多种效益。例如，妮维雅的案例和帕金森病的研究表明，数字工具可以在更大范围内推拉镜头，捕捉和提供更丰富的数据。"嗡鸣"就是一个例子，通过转移焦点让"公民科学家"参与进来，同时通过拉远镜头观察更大的趋势。Reddit 将"触角"扩展到小众社区，使人们可以推拉镜头，甚至通过追踪不同方向的多线程的讨论来转换焦点。

通过多线程而非顺序地探索多种来源的信息，数字技术可以帮助人们获得更有广度和更有深度的知识。

剑桥分析公司（Cambridge Analytica）的案例，强有力地说明了机器如何推近镜头、放大观察在线活动的个体行为模式，以推断数百万参与其中的人的性格是什么样的。大量的媒体对剑桥分析公司进行了报道，其中大部分关注的是该公司是如何获取超过 8 000 万脸书用户的数据的，以及它为何没有按要求及时删除这些数据。但还有一个重要的问题是，该公司究竟利用这些数据做了什么——它设计了一种新的方式，通过近距离观察个人信息，从而产生观点和影响力。

民调专家长期以来使用细分的方式划分特定的选民群体，例如按性别、年龄、收入、教育程度和家庭规模来分类，也可以根据政治立场或购买偏好来划分。但剑桥分析公司与特朗普竞选团队签订了合同，为助力特朗普赢得大选提供了全新的武器。剑桥分析公司不仅使用人口统计细分来识别选民群体，正如克林顿的竞选团队一样，还使用心理统计来划分选民群体。人口统计是信息统计；而心理统计是行为统计，是一种根据性格进行划分的方法。

通常有两种方法来评估一个人的性格：要么通过长时间的相处深入了解某个人；要么让他做性格测试，并告知测试结果。但这两种方法实际上对民调机构来说都行不通。于是，剑桥分析公司找到了第三种方法：收集个人网络活动的片段，利用这些数据为数百万人建立了个人档案。

其中一种方式是统计脸书上的"点赞"数。不管你是给日落、小狗的照片还是给人的照片点赞，都能反映出你的性格。事实上，只要有 300 个点赞量作为基础，剑桥分析公司的模型就能像你的配偶一样准确地描述出你的性格。

比如说，假设你可以确定一部分选民责任感强但情绪不稳定、另一部分选民性格外向但保守。毫无疑问，不同类型的人对同一个政治广告会有不同的反应。但在脸书上，他们不会收到同样的广告；相反，每个人都会收到个性化定制的广告，从而使投放方在人们身上获得期望的反应，无论这个反应是投票给某个候选人、不投票给某个人，还是捐赠资金。

剑桥分析公司就移民、经济和枪支权利等政治主题花大力气开发了几十种变体广告，这些广告都是针对不同的性格特征而定制的。该公司的工作人员通过将选民的网络足迹与先进的分析技术相结合，能够对选民个体进行放大观察[19]。

显然，剑桥分析公司的故事显示出新的数字工具和技术可能把我们的注意力提高到什么程度，也同样警示了这些可能性会带给我们什么样的危险。

在噪声中辨认信号

在庞大而多变的数据集中发现不易察觉的模式是困难的，识别这些模式的来源和原因更加困难。毕竟，许多关联并不真实。

美国一家大型保险公司非常担心客户频繁的保单变动。在汽车保险和家庭保险等竞争激烈的保险行业，客户流失尤其成问题，因为这些行业利润率低，获取客户的成本高。保险公司需要通过多个续保周期留住客户，以促进他们持续投保。当投保人致电公司取消服务时，该呼叫将被转到专门的呼叫中心，由后者来处理可能面临的客户流失情况。呼叫中心的代理人都是经过专门培训的，他们借助复杂的数字工具来评估来电者的情绪，并说服对方不要取消投保。

然而，即使有经过专门训练的代理人和最先进的工具，留住客户的成功率也只有16%，也就是说，打电话想取消保单的客户最后有84%都取消了保单。该公司决定使用数据导向的方法来提高客户留存率，于是从多个外部来源收集数据，以加强对现有客户的复杂认识。通过收集成千上万份电话记录，该公司对这些数据进行整合分析，以寻找可能有助于提高客户留存率的模式。公司知道哪些电话成功挽留住了投保人、哪些电话未能挽留住投保人。

研究人员分析了数据，但没有发现明显可以提高客户留存率的模式。他们研究了通常与保单变动相关的因素——索赔数、服务年限、客户投资组合中的产品数量和保单成本，以及竞争对手的行动和生活的改变（来自社交媒体）等外部因素，但这些都对客户流失率或留存率没有太大影响。于是，他们把注意力转向了新的数据来源，特别是那些他们还没有收集但有权限获取的数据。

经过一番努力，他们找到了答案：来电者和代理人之间的关系。当两个人之间存在情感联系时，打电话的人继续投保的可能性就大得多。例如，研究人员发现，当一名有 10 岁以下小孩的 30 多岁女性投保人与一名有小孩的 30 多岁女性代理人交谈时，无论其他因素如何，成功留住客户的可能性都大幅上升。而在以前，来电者与代理人的关系的影响被忽略了。

这个发现很有趣，但除非该公司调整内部流程对这一发现加以利用，否则不会增加任何价值。大多数情况下，呼叫中心的标准程序是将来电转给第一个待命的接线员，因为不能让打电话的人一直等待。但是，这种操作程序忽略了来电者和代理人之间可能存在的联系。这种操作假设互动是完全可替代的，即在一般情况下，假设无论哪个代理人，接电话的结果都是一样的。

如果没有保险公司的数据收集和分析工具，就没有来电者和代理人之间的关系对成功挽留投保人至关重要这个关键的发现。然而，如果公司不改变其政策，即使有这种发现也毫无用处（这是导航方面的一个关键挑战，详见第六章）。

因此，该公司决定弃用标准程序，而是根据人口统计学特征，动态地将来电者分配给与之相匹配的代理人，最大限度地提高留住来电客户的效果。这是程序上的一个重大变化，违背了传统的处理智慧，所以一开始受到了猛烈的抵制。毕竟，呼叫中心经理在他们的职业生涯中一直被教育不应该让来电者长时间等待。

"导航"的过程并没有就此停止。保险公司不仅改变了接听电话的政策，还改变了招聘政策，使呼叫中心员工的人口统计学特征与客户群的更为接近。此外，公司还提供了专门的培训，教代理人如何优先提到他们与来电者个人情况一致的方面。这些变化使客户留存率迅速翻倍，从 16% 上升到 32%。

数字技术大概率不会取代传统技术。相反，通过让我们访问大量未经过滤和区分的用户生成的内容，我们能获得丰富的不同类型的见解。虽然通过数字工具你可以采用新的方式注意到更大范围内的需求，但人与人的接触对理解这些见解——理解人们为什么会有特定的行为方式以及他们真正关心的是什么——仍然很重要。

发挥"外星人"思维的作用

国家职工总会：自身成功的受害者

20 世纪 60 年代末，新加坡国家职工总会（NTUC）的社会企业部成立，该部门负责监管十多个为低收入公民提供廉价服务的合作社，所涉及的服务和产品类型从保险和医疗保健到食品和其他日常必需品。然而，到 2016 年，该组织面临着生存危机：它在降低生活成本和帮助人们脱贫方面取得了巨大的成功，以至于该组织的存在有可能失去意义。

具体而言，该组织需要更多地关注新的社会趋势、新兴技术，以及新加坡人对医疗保健和老龄化的关注。因此，领导团队找到我们，希望我们能帮助 NTUC 重新调整创新工作的重点，并继续提供价值。

开发多个焦点

帮助领导团队摆脱常规思维的最快方法是，让他们接触来自不同行业或地区的新的解决方案。在瑞士洛桑国际管理发展学院（IMD），我们有"探索之旅"项目，策划对可供参考的机构的参观访问，目的是帮助人们用新的眼光看待事物。

我们以一系列的在线讨论拉开了 NTUC 的考察之旅的序幕，120 位顶级高管在讨论中确定了共同感兴趣的领域，最后在成本、协作、客户导向和新技术这四个关键问题上达成了一致。我们制定了一个解决所有问题的行程：

- 印度班加罗尔：提高效率和支付能力。
- 韩国首尔：在客户参与方面进行创新。
- 日本东京：利用新技术促进创新和绩效。
- 中国台北：促进组织和环境中的协作。

为了帮助高管们重新认识他们的世界，我们让他们与各种各样的机构接触，包括金融、教育、医疗保健、超市、美食街等。例如，班加罗尔之行关注了印度满足"金字塔底层"被忽视的需求的呼声和节约型创新的号召，还充分认识到了班加罗尔作为国际公司和初创企业技术中心的重要性。这些参访提供了机会，让我们能够在行动中利用与注意力有关的技术——推拉镜头和转换焦点。

推近镜头：为了了解公司如何通过创新来更好地满足用户需求，NTUC 的一些高管参观了纳拉亚纳卫生院（Narayana Health）。这家连锁医院大幅降低了心脏手术的成本，让成千上万的印度穷人看得起病。创办这家医院的德维·谢蒂（Devi Shetty）被《华尔街日报》（*Wall Street Journal*）称为"心脏手术界的亨利·福特（Henry Ford）[1]"。

拉远镜头：为了更全面地了解情况，高管们访问了 Akshaya Patra[2]——一家在印度各地提供免费校餐的非营利组织。该组织将技术和复杂的供应链运作相结合，经营最先进的厨房，服务数百万儿童。这次访问使高管们意识到了 NTUC 的食品、卫生和教育部门之间协作的重要性。此行所访问的这一组织的创始人和主席马杜·潘迪特·达萨（Madhu Pandit Dasa）这样描述该组织："这是一个消除饥饿的项目、一个教育项目，也是一个社会项目。这是一个建设国家的项目。"这番话引起了这群新加坡高管的深刻共鸣。

转换焦点：为了向从不同角度看世界的机构学习，高管们拜访了一些初创企业的创始人，包括在线相亲网站 Wedeterna 的创始人。这个平台尊重印度包办婚姻的传统，同时允许用户创建自己的个人资料，而不是由父母创建。虽然这些显然和 NTUC 举办的活动关系不大，但这个故事提供了如何打破常规、利用技术来响应新的社会趋势和用户需求的有趣经验教训。

看到新的可能性

NTUC 的高管们接触到了不同的理念，收获颇丰，他们就此展开

---

[1] 亨利·福特是美国汽车工程师与企业家，福特汽车公司的建立者。他也是世界上第一位使用流水线大批量生产汽车的人。——译者注

[2] 梵文，来自印度教的神话，寓意是"取之不尽的一碗饭"。——译者注

了热烈的讨论，讨论如何利用技术和颠覆性新模式来满足不断变化的用户需求，同时不忘组织使命的初心。这次考察促使高管们以新的视角看待自家业务，包括不再那么孤立地看待 NTUC 的活动。

回到新加坡后，这些高管在两个方面推出了大胆的举措。

首先，这次考察在各个业务部门内引发了一系列技术创新，其中也包括连锁超市国家职工总会超市（NTUC FairPrice），该超市全面革新了购物门户网站和移动应用程序，以提供更精简的购物体验，以及向不幸的人捐赠杂货的便利平台。这次考察还促使 NTUC 创建了一个称为 MoneyOwl 的社会企业。MoneyOwl 于 2018 年 11 月成立，结合人类顾问和机器人技术，向人们提供一对一的财务建议。该企业使用算法来分析客户需求，并为很少得到银行和传统财务顾问服务的低收入人群提供自动财务规划。

其次，这次考察促进了协同创新的理念。最有力的例子是一个试点项目，该项目将 NTUC 下属的四家企业联合起来，积极应对老龄化。项目始于高管们的一场讨论，他们分别来自管理老年活动中心的国家职工总会保健合作社（NTUC Health）和管理托儿中心的国家职工总会优儿学府（NTUC First Campus）。讨论取得了这样的突破性见解：为什么不把老年活动中心和托儿中心安排得近一点呢？这样，爷爷奶奶就可以在儿女上班的时候帮忙照看孙子孙女，还可以促进代际联系，帮助儿童学习，振奋老年人的精神。更好的想法是：为什么不把便利设施整合起来呢？可以创建一个"一站式商店"，包括一个小商品城、一些小食品摊（由国家职工总会富食客经营）和一个超市（由国家职工总会超市经营）。还有，为什么不让超市适应老年顾客的需求呢？最终的变化包括加装了呼叫辅助按钮、在过道里帮助顾客阅读产品标签的放大镜、购物车和方便坐在轮椅上拿商品的定制货架。

这些创新让该组织作为新加坡的变革推动者和思想领袖重新发挥出作用——拒绝接受现状，并时刻准备好进行革新、冒险和跨界合作。

⬡ 要点总结

- 关注是以积极的态度看待世界，观察需要解决的问题、值得抓住的机会，以及可以显著改进的解决方案。

- 关注有两个关键属性：减少可选性，专注于某些事情，同时将注意力从其他事情上转移过来；增加对事物的认知，将更多的精力投入对特定的人、事物、经历或环境的研究中。

- 当我们处理大量数据时，很容易（也很经常）错过或忽略微弱模糊的信号。比方说，直到最近，宠物食品公司才开始设计可以增加对宠物主人的情感奖励的产品。

- 你的条件反射——特别是你的职业、培训经历和工作经验——可以通过将你的注意力引导至特定的方向上，影响你关注到的东西，使你对偏激的见解视而不见，从而干扰注意力的质量。

- 要做到像"外星人"一样思考，你必须抛开先入之见，解放思想，接受现实中的其他观点。想要看到世界的本来面目，而不是你所希望的样子，你可以通过推拉镜头实现。

- » 想要推近镜头，可以使用特写镜头来更细致地观察情况，捕捉差别细微、不协调、反常和微弱的信号——就像尤努斯和卖竹凳的妇女交谈时那样。

» 想要拉远镜头，可以使用广角镜头来捕捉更大的模式和趋势，从而扩大你关注的范围——就像皮萨帕蒂寻找印度地下水枯竭的原因时所做的那样。

• 要想从不同的角度看问题，你需要转换焦点——将注意力转向来自边缘的信号，以及你通常认为不重要的人和事物。乐高通过入驻其成人粉丝所在的论坛实现了这一点。

◉ 问问自己

1. 你能回忆起是什么时候错过或忽略了后来发现很重要的微弱信号吗？

2. 哪些个人和专业上的偏见和先入之见，可能会阻碍你接受现实中的其他观点？

3. 你是否投入了足够的时间沉浸在你想要改变的现象中？哪些是全景大局？哪些是有趣的小细节？

4. 你如何拓展新的角度看待那些必须解决的问题？你应该花更多的时间和哪些人在一起，应该去哪些地方，应该观察哪些动态？

第三章

悬浮：提升你的思维

伯特兰·皮卡德（Bertrand Piccard）是位实干家。他的父亲是一位海洋探险家；祖父是物理学家和热气球驾驶员，是漫画《丁丁历险记》中卡尔库鲁斯教授的原型。同他的父亲和祖父一样，这位瑞士探险家兼精神病学家也在不断活动。

十几岁时，他乘坐滑翔机从悬崖上滑下来。20多岁时，他就开始驾驶超轻型飞机。之后，他开始驾驶热气球飞行，并击败理查德·布兰森（Richard Branson）和史蒂夫·福塞特（Steve Fossett），成为史上首个乘坐热气球实现环球不停歇飞行的人[1]。

但皮卡德最伟大的成就不是在云端，而是在地面上，在他一动不动地坐在埃及沙漠里消磨时间的时候。

鸟瞰的视角

皮卡德前两次的尝试都失败了，但在1999年3月的第三次尝试中，他和副驾驶布赖恩·琼斯（Brian Jones）花了约20天时间，乘坐定制的百年灵热气球 3 号（Breitling Orbiter 3）成功抵达埃及达赫莱绿洲附近的终点线，实现了热气球全球不停歇飞行的壮举。

在长达 500 小时的长途跋涉中，热气球依靠丙烷和氦气的混合物漂浮在空中。尽管足足有 3 700 千克的液化气装在热气球上挂着的长长的银色钢瓶里，皮卡德仍然一直为燃料的情况而紧张和担忧——这是有充分理由的。在很长一段时间里，他们要么远离了陆地，要么处于救援人员能够抵达的范围以外。当他们再次踏上陆地，在距离尼罗河 220 英里 ① 的偏远沙漠地带时，只剩下 40 千克燃料。他们勉强着陆了。皮卡德坐在沙滩上，下定决心再也不让燃料不足的问题发生。

但又该怎么做呢？

皮卡德操纵百年灵热气球 3 号，唯一可以控制的变量是热气球的高度，可以通过调整气体的燃烧来捕捉热气球上下方的最佳气流。携带更多燃料是不现实的，而且实际上在飞行中也没有可以节约燃料的地方。

旅行结束时，皮卡德发现自己处于特殊的境况中。在被接回文明世界之前，他和琼斯时间充裕，却又无事可做。"我坐在埃及沙漠中，背靠在热气球上，凝视着地平线。风推动着我和琼斯乘坐的百年灵热气球 3 号，连续约 20 天不停歇地绕着地球飞。尽管我们担心燃料会耗尽，但还是勉强完成了环球飞行。我不能就此停下，这次成功只是达到目的的一种手段，而不是目的本身。"[2]

这六个小时的无所事事起到了关键作用，他们可以静下心来充分利用时间进行思考。

---

① 220 英里约为 354 公里。——译者注

他突然意识到，核心问题不是如何节省燃料，而是如何在没有燃料的情况下飞行，也就是说只使用可再生能源。他将再次环球飞行，并打算完全不使用燃料。飞行如果成功，不仅会解决他眼前面临的问题，同时也会成为反对依赖化石燃料的响亮的口号。"我必须证明，探索不仅可以发现新大陆，还能促使人们生活得更好。"[3]

阳光动力号的诞生

有了这种新的理念，皮卡德提出了打造阳光动力号的想法——一种能够永久飞行的太阳能动力飞行器。

皮卡德兴奋不已，但他对眼前任务的难度并不抱任何幻想。在 21 世纪初，当他开始认真寻找盟友和商业伙伴之时，像太阳能电池、超轻型飞机、大容量电池和电动马达之类，可为他的愿景提供动力的清洁能源技术虽然已经成熟，但还没有得到广泛使用。此外，与从那以后发展起来的技术相比，这些技术有些原始。例如，当时已经制造了几架太阳能有人 / 无人驾驶飞机，但没有一架能在有人驾驶的情况下不停歇地飞行数日，也没有一架能穿越地球上的广阔海洋。更糟糕的是，最近一架太阳能飞机在遭遇强风后解体，坠入了夏威夷海域。

2003 年，皮卡德向苏黎世联邦理工学院（Swiss Federal Institute of Technology）提出了打造太阳能飞机的设想，学院同意进行可行性研究，由安德烈·博尔施伯格（André Borschberg）领导研究团队，他是一名工程师、商人，还曾是瑞士空军预备队的战斗机飞行员。他的结论是，虽然太阳能飞机在概念上是可行的，但现有技术无法实现。

　　这个结论可能会让大多数人失望，但并没有困扰皮卡德和博尔施伯格，反而激励了他们。可行性研究一完成，博尔施伯格就与皮卡德签约，打造"阳光动力"项目。不久之后，两人从零开始设计飞机。

　　13 年后，他们心血的结晶"阳光动力 2 号"在阿布扎比着陆——在没有使用任何燃料的情况下成功实现了环球飞行。

　　这架飞机由超过 1.7 万块光伏电池提供动力，每块薄膜电池的厚度和人的头发丝一样。这些电池为四个电动马达提供了足够的动力，但这架飞机不以打破飞行速度纪录为目的，它的平均速度约为每小时 43 英里 ①，而且机体非常脆弱，必须避开强风。此外，飞机内部空间狭窄，只能容纳一个飞行员。总之，太阳能飞机不会很快取代商用喷气式客机，但"阳光动力 2 号"确实证明了太阳能飞机的设想是可行的——即使现在还无法商用，在不久的将来也总会实现，影响非常深远。

　　"气候变化总被描述为一场保护自然与追求商业利益和舒适之间的斗争，"皮卡德说，"生态学家将自然置于人类之上，这是一个巨大的错误，是一个错误的等式。这些技术现在已经可以使用。我们可以改变世界的运作方式，不是要让人们的生活范围缩小，而是让人们有更大的生活空间。"[4]

悬浮是什么？

　　在行动的高潮阶段，你的头脑中充满了令人困惑的信息，让你不知所措。你很难把噪声和真正的信号区分开。因此，为了弄清你的所见、

---

　　① 43 英里约为 69 公里。——译者注

所思、所创或所做，你必须从你的日常活动中解脱出来。你必须抽离，也就是必须"悬浮"。

悬浮是跳出框架以获得更广阔的视野的行为。悬浮对任何行业的创造力都是至关重要的。让自己远离行动本身，可以更清楚地进行思考。与关注形成对比的是，当你停止注意、停止通过推拉镜头来寻找信息时，悬浮就会发生。

悬浮不是关注外界，而是专注于内心和内省。你的目标不再是感知环境，而是清楚地认识环境，让你的观察沉淀下来，并弄清你的发现可能意味着什么。悬浮的主要内容是提出问题或重新定义问题，避免急于采取行动。

悬浮不足会导致你错误地解析问题、把握不住机会，或者问自己错误的问题。虽然它不会妨碍你产生好点子，但你可能会因此走向一个死胡同。解决错误的问题实际上已成为创新失败的首要原因，占所有导致失败的原因的四分之一以上[5]。事实上，人工智能的进步使人们更容易盲目进入解决问题模式。正如一位业内观察人士所说的那样："在一些东西上加人工智能，这就是未来 10 000 家初创企业的创新公式。"[6]

当你悬浮时，你要摒弃常规操作，对你正在经历的事情三思而后行，从而拓展你的思维，为接下来的事情做好准备。

皮卡德只有在摆脱枯燥的工作后才能跳出框架，重新思考。当他的大脑放空，他得以专注地思考，想出利用可再生能源的新点子。通过重新定义这个问题，他找到了解决方案，为他下一次挑战环球飞行做好准备——这次是驾驶太阳能飞机。

同样，Bakeys 食品公司的创始人皮萨帕蒂，也是通过跳出框架了解印度的农业状况之后，才发现了问题的症结所在，从而构思出解决方案。当他能够获得新视角审视问题后，他意识到市场作用既然造成了这个问题，也就能解决这个问题。他将这个问题从寻求公共政策方面的解决措施转变为寻找基于市场的解决方案，这有助于唤起人们对小米的市场需求。

在行动的高潮阶段，你无法静下心来寻找灵感。为了消化你所看到的和学到的东西，你需要从行动中抽离，战略性地休息一下。

"间"思维

虽然悬浮看上去像一个新奇的概念，但它的起源可以追溯到古代。无论在哪种文化中，自我反思都是大多数哲学和生活方式的核心理念。

比如，在古希腊，柏拉图把思想比作在大脑这个巢穴里飞来飞去的鸟儿。在鸟儿安定下来之前，很难区分出哪些是真正的知识、哪些是错误的知识。但为了让鸟儿安定下来，需要一个稳定的栖息地——一个冷静而善于思考的大脑。

在日本，"间"（大致意思是处于中间的空间或时间）的概念起源于古代的神道教。"间"被认为是创造力的源泉，不仅在建筑、设计和艺术等领域，在商业领域也是如此[7]。字面意思上，"间"是指当门关上的时候，从门缝里射进来的光，正是通过这些缝隙和缺口，新的现象和事件才会出现。"间"也指思想成熟之前的一段时间。西方人也许会把桌子和椅子之间的空间描述为"空的"，而日本人会把这个空间描述为"充满了虚无"。

同样，大多数佛教禅修也是为了帮助修行者使繁忙的大脑安静下来，从而达到一种纯粹的觉知状态。"猴子思维"是指繁忙的大脑就像一只永远喋喋不休的猴子，一直不停地在大脑中对话、思考、叙述，并试图给五官所感知的一切东西贴上标签。相比之下，纯粹的意识是"空"的，是一个无限的虚空，充满了无穷的可能性。当一个人的头脑完全被填满时，就没有空间容纳其他东西了。而当头脑放空的时候，就不会受到任何限制。

马库斯·赖希勒（Marcus Raichle）的例子是"间"思维的一个绝佳证明。20 世纪 90 年代中期，神经科学家赖希勒开始整理一个文件夹，里面都是一些稀奇古怪的脑部扫描图，他将其标记为"MMPA"（指"内侧谜样顶叶区"），然后归档。他花了几年的时间来整理自己的想法，并弄明白这些神秘的数据。但当他成功时，取得的突破引起了神经学史上范式的转变[8]。

在 20 世纪 90 年代早期，得益于新的成像技术的应用，涌现出一大波专注于记忆、语言、感知和注意力的实验。这些实验的基本操作是这样的：首先，研究人员用扫描仪对受试者进行扫描，观察他们大脑的工作情况。然后，受试者被要求执行特定的任务，比如生成词语或判断圆点阵列的运动轨迹，同时接受功能性磁共振成像一类的扫描[9]。在完成这些任务时，他们大脑的某些区域会被激活。研究人员将这些结果与对照组（未执行任务的测试对象）的大脑模式进行比较。因为对照组没有受到刺激，所以研究人员认为他们的大脑未被激活。

但是，赖希勒等人观察到，当受试者执行不同的任务时，大脑的某些区域被激活，其他区域则平静下来。多年来，这些具有干扰性的观察被认为是"噪声"，经常被忽视，或者在某些情况下没有被记录下来，因为它们不是实验的重点。在研究人员的思维中，没有这种"中间"数据存在的地方。

几年后，赖希勒才意识到，这些研究最初观察到的只是一些次要的脑部活动。真正起作用的是当受试者停止做任务时脑内发生的不可思议的活动。在没有外部任务的情况下，受试者让大脑放空，思想四处游荡，从而激活了一系列精心组合的不同的大脑区域，赖希勒称之为"默认模式网络"（DMN）。这个心理网络在自由散漫的状态下被激活，以前人们将这种状态称为"头脑放松"。

人们后来发现，"头脑放松"不代表头脑平静。事实上，大脑处于"默认模式网络"时常常比正在执行任务时更活跃，同大脑有意识地对外界刺激做出反应时相比，这种情况下消耗的能量大约是前者的20倍[10]。此外，现在大家知道了，"默认模式网络"还在自省、回忆过去、展望未来和理解他人的想法时起作用。

这就是作家史蒂文·约翰逊（Steven Johnson）所说的"慢直觉"的一个经典例子。这种创新过程通常始于一些异常现象，背后藏着一个更伟大的真理，但这种直觉可能还需要多年的思考才能使之具化为切实的想法[11]。

悬浮的重要性

悬浮帮助我们克服条条框框和行动上的先入之见，促使我们做出下列事情：

- 质疑我们最初的假设；

- 重新定义我们想要解决的问题；

- 发现新的见解；

- 思考哪些是真正重要的、哪些不是；

- 从噪声中辨认重要（而微弱）的信号。

正因为霍奇抽出时间来悬浮，试图了解狱友及其家人的情况，她才能够理解为什么那么多女性不断回到监狱。最后，悬浮这一过程帮助她找到了答案：因为出狱的人被剥夺了获得好工作、贷款和经济适用房的机会。回想起这个过程，霍奇说："就好像监狱提供了灵光乍现的时刻，成了一个规划和理解生活并决定如何重新开始的地方。"[12]

专注于手头任务的能力通常被认为是一种优秀品质。但是，好事过了头也会产生负面影响，而且事实证明，过度专注更有可能抑制创造力，而不是促进创新。过度专注实际上会让我们不能充分意识到事物相交的可能性和机会——也就是所谓事物之间的"间"。举个例子，尽管宝洁下属的吉列集团（Gillette）拥有牙刷部门（欧乐 B）、家电部门（博朗）和电池部门（金霸王），但在开发电池型电动牙刷方面，他们却比竞争对手慢了一拍。每个部门都过度专注于自己的产品和创新，导致无法实现创新的飞跃[13]。

神奇的是，从关注外界转向专注内在，个人和组织反而更能创造性地思考和前进。在决定如何改良一项创造性策略、决定下一步要采取哪项"外星人"思维策略时，悬浮也是必不可少的。

慢慢来

大多数人都有一种紧迫感，觉得时间很短暂，尤其是处于团体中的人。但"外星思考者"不像大多数人那样受到时间的限制。为了不断创新，他们会留出时间停下来休息。他们利用两种悬浮方式——暂停和休息，使时间屈从于自己的意愿。

暂停一下

就像体育运动一样，暂停的目的是从混乱的局面中后退一步，以便有意识地反思你的方法，以及如何更好地调整你努力的方向。你需要自我抽离，在更平静的环境中思考。

暂停由两部分组成：弄清楚你的想法和反思你的想法。

弄清楚你的想法

你需要停下来，充分消化你的发现，并弄清楚这些发现真正意味着什么，学者们称之为意义建构。心理学家卡尔·维克（Karl Weick）提出的著名问题就是一个例证："在我听到我说的话之前，我怎么知道自己在想什么呢？"即使是对孤军奋战的创新者而言，花点时间向别人（甚至是不熟悉这个问题的人）解释自己为什么被难住了，或者把困难写下来、大声地对自己说出来，通常也都是有帮助的。

意义建构是指从混乱中创造秩序，建构新的意义[14]。为了更好地集中注意力，往往有必要重新组织问题。

一旦个人或团体注意到一些令人惊讶或困惑的事件、问题或行为，也就是注意到预期与现实之间的差异，就会触发意义建构[15]。例如，在监狱里，霍奇看到出狱的人，尤其是那些决心改变自己生活的妇女再次入狱时，她感到十分沮丧。她觉得自己必须弄清楚这中间发生了什么。

学习的过程是创新的基础。在这个过程中，意义建构起着举足轻重的作用，它迫使个人和组织直面那些互相矛盾的线索——那些可能被忽视、解释、合理化或正常化的异常现象。

与狱友们交谈并重新收集线索，使霍奇意识到，她们中的大多数人有一些共同点，她们的累犯率如此之高并不是偶然，而是刑事司法系统在罪犯获释后继续惩罚她们的必然结果。

当你在繁忙的日程中有空闲时间时，就更容易进行意义建构。如果你因为太忙而无法自行完成意义建构，就需要抽出时间来后退一步。这个过程可以由个人完成，也可以由集体完成，有时发生在个人的头脑中，有时通过与他人的讨论形成[16]。为了开发新的系统来整合更多的数据间的差异，需要意义建构，这样在面对批评时，你为自己和可能的利益相关者进行的叙述就会更全面、更有弹性。

让我们回到赖希勒的例子上。多年来，研究人员一直认为休息时受试者的大脑活动是一种干扰。就像一位研究员所说："他们囿于一直存在的偏见，忽略了最难以理解的东西。"[17] 经过反思，赖希勒才意识到他一直以来关注的重点都是错的。每个人感兴趣的都是大脑在活跃时如何工作，而不是大脑如何休息，结果导致他们没有把握住大局。更有趣的问题反而是如何解释对照组的大脑在"休息"时的活动。

为了获得突破性解决方案，你必须定期后退一步，重新审视你的理解。

反思你的想法

需要暂停的另一个原因是学者们所说的元认知——对你自己的想法进行批判性思考和反思的过程。不是反思问题本身，而是反思解决问题的方法。

皮卡德就是这么做的。当热气球在沙漠中着陆时，他利用这段时间来质疑自己的想法。作为一名精神病学家，他问自己为什么在整个飞行过程中如此焦虑。答案是，与其说是担心自身安全，不如说是担心因为缺乏燃料而不能完成旅程。这种自省让皮卡德认识到，为了避免从源头上产生焦虑，他需要在没有燃料的情况下飞行。他不认为问题的关键是如何节省燃料，而是重新把这个问题定义为如何在完全不使用燃料的情况下飞行这一挑战。

在创新的过程中，你需要定期停下手头的事情，不仅要思考你学到了什么，还要思考你要如何面对困难。暂停使你有机会回顾你创新的过程，反思自己在做什么、为什么要这么做。

此外，悬浮会给予你反省的能力，来反思你是否需要运用“外星人”思维的其他策略，比如关注。

正如前一章所述，要想看到别人看不到的东西，你必须从不同的角度来看待这个世界。这包括你该关注什么，你的目标群体是哪些人，以及你如何与他们交流。想要制定有效的关注策略，你需要考虑下列问题：

• 哪里是你该关注的？你看到了别人没有看到的地方吗？你关注的范围是广还是窄？一方面，你需要聚焦于较小的方面来避免“噪声”的干扰。另一方面，你需要保持一定的灵活性，关注看似无关的知觉信息。有证据表明，现实中有创造力的成功人士具备广泛的或"不经意的"注意力，这可能有助于他们拓展发散性思维[18]。

• 为什么你要看这个方向？你是在受到威胁还是在把握机遇？你是喜欢还是讨厌这么做？你是在解决问题还是在寻找问题？对这些问题的回答会影响你工作的积极性和紧迫感，具体取决于你是面临不可持续的局面，还是在主动寻找未被满足的需求。

• 什么是你调查的目的？你解析这个问题的方式会影响你注意力的性质和强弱。另外，你希望找到的是一个答案还是一种见解？

• 谁是你关注的对象？谁能提供新的观点？除了你的解决方案针对的目标群体之外，还有利益相关者构成的生态系统，他们对你关心的问题有全新的看法。

• 你如何集中注意力？你是在观察人们的行为，还是完全沉浸于他们在做的事情？或者说，你是通过数据得出他们实际做了什么，还是听他们说他们做了什么？注意力可以是自上而下的，也可以是自下而上的[19]。换句话说，我们可以积极地将注意力引导到预期中重要的方面，或是以更包容的心态面对意外情况，让其中最突出的方面来吸引我们的注意力[20]。

• 你何时最警觉？注意力可以是转瞬即逝的，也可以是长时间保持的[21]；可以是断断续续的（比如当你的手机收到弹出的通知时），也可以是连续的（比如当你在一个陌生的国家见到一系列新奇事物时）。在之前宠物食品的案例中，一个关键的观察是宠物主人给宠物喂食前的互动。

这个例子展示了悬浮如何改进你的关注策略。类似地，悬浮还能帮助你反思和重构你的想象、实验和导航策略。同样的六个问题（哪里、为什么、什么、谁、如何、何时）可以激励你在"外星人"思维框架的其他维度上从新的方向进行思考。

"外星思考者"愿意质疑他们的观察结果和结论，批判性地评估他们正在使用的框架，抛弃无效的框架。悬浮的精神就是沉思，但要做到这一点，你需要暂停一下。

休息

创造力可以从对情况有意识的分析中获得，也可以从无意识的思考中获得。想要更有创造力，有时你需要完全抽离自己，从你的当务之急中抽身，给自己休个假，挖掘一下放空状态下大脑的潜力。休息时间可以让你重新振作精神、自由地思考。

以先锋派名厨费兰·阿德里亚（Ferran Adrià）为例，他的烹饪技术融合了高级烹饪、艺术和科学，帮助他在 20 年的时间里发明了 1 800 多道招牌菜。他的斗牛犬餐厅（El Bulli）在英国权威杂志《餐厅》（Restaurant）的评选中创下了五次获得"世界最佳"的纪录。

他的创造力的关键是什么？——每年有六个月的时间不营业。

"每天营业的压力会使我们无法安心创作，"他说，"最重要的是要留出时间来革新。"[22]

悬浮赋予阿德里亚发明创新的能力，打磨他的注意力、想象力和实验能力，并以不同的方式导航整个系统。悬浮是让他（你也一样）以丰富的方式积极地运用每一项"外星人"策略的燃料。

阿德里亚说："给自己补充一点氧气，让自己能够循环发展，让生命和精神节奏适应新的需求，这很重要。"[23]

奥地利平面设计师史蒂芬·塞格麦斯特（Stefan Sagmeister）也支持这种创造性休假。在 2009 年的一次 TED 演讲中，他说，他最初打算轮休期间不做任何计划，这一打算的前提或假设是"完全放空的时间将是美妙的，利于创意的产生"[24]。事实证明，这种方法"相当失败"，塞格麦斯特大多数时候只是在处理一些琐碎的事情。于是，他开始思考自己在休假期间最感兴趣的是什么，并把时间优先安排在这些方面。简而言之，他采取了一种更有条理的方法来恢复精力。

精神上的休息

日常经验告诉我们，从手头上的事情抽离出来有助于找到前进的道路。研究表明，短至 5 分钟的休息可以帮助你思考几种选择，做出更好的决定[25]。针对一个想不通的问题，答案有时候会在你睡了个好觉或放松地散步后，突然浮现在你的脑海中[26]。

凯文·卡什曼（Kevin Cashman）的研究证实了这一经验，一项对全球高管的调查结果也支持了这项研究[27]。根据卡什曼的研究，78%的高管表示，他们最好的想法是在洗澡时、运动时、开车或通勤途中产生的[28]。

这些活动有什么共同点呢？这些活动都是我们倾向于"自动驾驶"的常规任务。有时候，只有在你停止思考一个问题之后，你才会有片刻的清醒和洞察力。多亏了前文描述的"默认模式网络"研究的突破性进展，我们现在可以更好地理解其中的原因。当你可以心不在焉地完成一项活动时，你的大脑活动就似乎进入了默认模式[29]。

剑桥大学进行的一项研究试图发现"默认模式网络"能否帮助我们做一些事情时不用特别专注，例如，系鞋带或在熟悉的道路上开车。

　　为了进行调查，研究人员要求 28 名志愿者躺在功能性磁共振成像大脑扫描仪中，并学习一种新奇的纸牌游戏。

　　每人手上最初有四张卡片，然后发给他们第五张卡片，要求他们将这张卡片与四张卡片中的一张相匹配。参与者并不知道游戏规则，他们不知道是根据颜色还是形状来匹配卡片。但是通过反复试验，在几轮之后，每个人都想明白了。

　　当他们试图弄懂游戏规则时，大脑活动进入了典型的学习思维模式。但是，一旦参与者知道如何不需太多思考就把卡片匹配起来，他们的大脑活动就进入了类似于"默认模式网络"的状态，他们的反应更快、匹配也更准确。

　　这表明，当我们"关闭开关"时，我们的大脑进入了一种"自动驾驶"模式，让我们在不假思索的情况下就能很好地完成任务。这也有助于解释为什么有些任务，比如演奏一段熟悉的曲子，当你从心不在焉地演奏变成有意识地思考如何演奏时，似乎突然变得困难得多。

　　"默认模式网络"（也叫作"白日梦网络"）被证实有助于提高想象力、创造力、展望未来和反思过去的能力[30]。当你忙碌时，这种活动就会被抑制，正如爱因斯坦的一句名言："创造力是虚度时光的产物。"

　　矛盾的是，缺乏注意力会激发创造力。研究表明，患有多动症的学生在创造力测试中得分明显更高，这主要是因为他们难以集中注意力[31]。一项研究的第一作者说道："这种使你集中注意力的机制，也会把人们局限在一个框架里。为了打破既定思维，你必须允许大脑产生一些混乱。"[32]

所以，当你被卡住的时候，不一定需要更加专注。有时候，你需要通过后退一步来提升你的思维。那怎样可以做到这一点，而不用改变日常生活习惯或者洗个澡呢？

一个简单的方法是散步。历史上一些最富有创造力的人，包括哲学家齐克果、作家梭罗和狄更斯，都把散步视为他们创作过程中的神圣仪式。维多利亚时代最伟大的小说家狄更斯，是个循规蹈矩的人。每天，他都会从早上 9 点写到下午 2 点，然后把工作放下，出去散散步。有时他要走 30 英里 ① 之远，有时他一直散步到晚上。他写道："如果步伐不再轻盈，脚力不再充沛，我宁愿爆炸而亡。"[33]

那现在这个时代没空徒步 30 英里②怎么办呢？另一个选择是不妨看看窗外，尤其是对于上班族来说。当我们感到困惑时，我们经常本能地看向窗外，不是为了知道外面发生了什么，而是为了探索我们内心深处发生了什么。看向窗户并不能使你获得洞察力，但是这种精神上的休息可以帮助你摆脱思考的困局，重新获得能动性[34]。

《时机管理》（When）一书的作者丹尼尔·平克（Daniel Pink）建议人们"花 10 分钟，不带手机出去散散步。我们谈论的是这种休息……我发现了一件事，实际上也改变了我自己的行为，那就是我总认为休息是业余人士做的事，专业人士不休息。事实恰好相反，专业人士会休息，业余人士才不休息。休息是提高绩效的一种方式，休息并不会影响绩效。"[35]

提出"一万小时定律"的学者安德斯·埃里克森 [Anders Ericsson，该定律因马尔科姆·格拉德威尔（Malcolm Gladwell）而知名]，也大

①② 30 英里约为 48 公里。——译者注

力推崇休息和午睡。他发现，从音乐家、运动员、棋手到科学家等精英人士的一个共同习惯是，每工作90分钟，就要停下来恢复精力[36]。

平克说："要多休息，更好地休息。"

> 另外，要尊重休息时间。在我看来，休息的科学就像十年前的睡眠科学一样，即将揭开神秘的面纱……让人们有休息的选择，或某种程度的自主性，是至关重要的。我们知道，我们在活动的时候，比如边聊天边散步的时候，会比我们不活动的时候更能恢复元气。到大自然中放松一下，哪怕只是到外面走走，都很有帮助。许多研究表明，当我们完全脱离工作专心休息时，休息的效果更好。所以，当你在街上散步的时候，记得把手机放在家里。而且，关键的一点是，有时间休息总比没有强。不需要休息很长的时间就能恢复精力。[37]

事实证明，休息时间不仅有助于给你的注意力充电，还能刺激潜意识的精神活动。休息的大脑并不是没有用处、毫无产出的[38]。

谨慎使用科技

在数字时代，由于虚拟信息的干扰，悬浮显得尤为重要。数字工具虽然可以促进原创思维，但也可以限制原创思维。

很久以前，在信息出现和广泛应用之间有一个延迟，它被称为"浮动"。这种延迟让你有时间思考，然后再针对新信息采取行动。如今，"浮动"消失了。一旦发生了什么事，你就会立即听到；一旦听到，你就会有所反应。即使当你试图创新时，也有一种寻找产品市场契合点的紧迫感，就像"狂热""快速迭代""枢纽"这些热词一样。在这种情况下，有更多的时间来思考成了一种竞争优势。

数字工具可以提高你处理信息的能力。技术释放了你的时间，让你专注于增值思维 ①。浏览互联网和社交媒体也可以作为休息时间，让你从无休止的工作中得到短暂的喘息。

但是，要小心虚假悬浮。

虚假悬浮

虚假悬浮有两种形式，即数字饱和与回音室效应。

数字饱和

悬浮的最大障碍是永远不能"彻底断开连接"，而数字工具常常会阻止你彻底断开连接。例如，也许你在从反应模式切换到意义建构模式的过程中会带着你的手机；或者，当你在工作场所之外，深入思考你的方法和机制时，你的眼睛会一直盯着你的移动设备，因为总是有收不完的电子邮件和无休止的电话；抑或是，你可能会在休息的时候使用科技来放松。这些做法会阻止你的潜意识思考。正如科学作家乔纳·莱勒（Jonah Lehrer）所说，有时你必须"保护自己的无聊感"[39]。

你需要有意识地抵制电子设备容易上瘾的诱惑，这些让你分心的事物会立即填满你的空闲时间，社交媒体更是如此。一项研究显示，

---

① 增值思维是指打开思路、用新的方式把事情做得更好的思维模式，是一种具有创造力的思维。——译者注

许多 18 ～ 35 岁的人认为戒掉社交媒体比不喝酒、不抽烟和不睡觉更难。[40] 这是因为，使用推特（Twitter）、照片墙（Instagram）或脸书的时候，人会释放多巴胺，这与进食或性爱的原理类似。你的大脑不是在神游，而是充满了胡思乱想，这时你的大脑处于消费模式，一直在吸收他人的想法，而不是强迫自己去思考。

回音室效应

技术还可以引起一种"回音室"效应，阻挠你接近源源不断的新颖想法。因为你选择接收的信息是根据你的兴趣推送的，所以除非你有意识地去寻找不同的视角，否则你会放弃随意浏览之下的创作自由[41]。

有时，悬浮似乎出现了，但实际上是通过算法编程的、符合我们先前观点的一种妥协 [想想亚马逊、奈飞公司（Netflix）或优兔的例子]。悬浮还受到社交媒体的影响，这些社交媒体所呈现的是志同道合者的建议，而不是意见相左人士的观点。回音室效应如此常见，以至于你的确需要通过悬浮来避免。难点在于利用互联网来拓展你的视野，而不是强化你现有的兴趣、偏见和成见。

不插电的悬浮

当你抽出时间休息的时候，有时需要远离电子设备。也许，我们之所以经常在淋浴时想到突破性想法，是因为浴室是最后一个远离数字技术的地方，是保护你悬浮质量的避风港，此时休息不会受到干扰。好在我们还有其他一些办法来帮助实现悬浮。

屏蔽干扰

在个人层面，你可以寻找悬浮的时机。例如，在上班的路上，关掉广播和手机，让你的大脑神游。抽出一个小时，不受科技的干扰[42]。在团体度假时，让人们在此期间把手机统一放入篮子里。

用科技对抗科技

有趣的是，你也可以利用科技来帮助你对抗科技。例如，一款名为时刻（Moment）的应用程序，可以帮助你监控你使用手机的情况、你花了多少时间在手机上，以及你拿起手机"只是为了查看信息"的次数[43]。还有上百个提供正念①训练的应用程序可以帮助你后退一步，重新审视全局[44]。即使只是进行十分钟的正念训练，也能提高你的创造力[45]。

"外星思考者"深知他们是如何悬浮的，因为他们知道悬浮可以给创造力充电，通过提供迫切需要的视角，来增强他们理解看似混乱的状况的能力，促进思维发散，并帮助他们改良运用其他"外星人"思维策略的方法。

发挥"外星人"思维的作用

施普林格：过于忙碌，无暇思考

2012 年，德国出版业巨头施普林格［创始人阿克塞尔·施普林格（Axel Springer）］开启了有史以来规模最大的企业转型之旅，历时 6 年。2006 年，首席执行官马提亚斯·德普夫纳（Mathias Dopfner）宣布了

---

① 正念是一种自我调节方式，源于佛教禅修，指有意识地觉察并且不做判断、活在当下。——译者注

公司的新目标：未来十年内数字资源将占公司总收入和利润的 50%。当时，该公司数字业务的营收只有个位数，利润微不足道。

在转型的头几年，该公司剥离了传统印刷媒体领域的许多核心资产，并将收益投资于招聘网站、房地产网站和科技初创公司等新领域。转型进行得很顺利，但余下的大部分核心业务，如媒体资产《图片报》（Bild）和《世界报》（Die Welt），很难进行改变。多年来，我们与该公司的密切合作使我们获得了：如何通过打破常规和走出舒适区来刺激有关悬浮产生的宝贵见解。

换个环境

德普夫纳觉得这种转变需要从高层管理人员开始，尽管高层管理人员很支持，但事实证明要让他们跳出常规思维进行思考比预期的要困难。因此，他决定采取一种激进的方式，把公司最资深的三名高管派到硅谷工作 9 个月。之前从来没有这种先例，公司许多内部人士对此举表示质疑。他们要在那里做什么呢？他们不在的时候，谁来干他们的活呢？怎样证明这笔费用是合理的呢？

2012 年 9 月，尽管公司内外的质疑和批评声不断，《图片报》的主编兼出版人、媒体部门的首席营销官以及一个业务部门的首席执行官，还是离开公司前往硅谷，目的是通过与该地区的公司和大学建立联系，开阔他们的思维。结果令人欣慰，三位高管回来后，都对公司转型和调整的新方向充满了热情。

其中，《图片报》的主编兼出版人凯·戴克曼（Kai Deikmann）出发时是身着定制西装的典型德国高管，回到柏林的新闻编辑室时，他却穿着连帽衫、运动鞋，留着络腮胡子。他还向他的下属传达了一个明确的信息。"我告诉他们，我们必须做好犯错的准备，"他说，"并且要看到失败是成功的先决条件。"[46]

硅谷之旅产生了如此明显的效果，以至于德普夫纳将其变成了企业的长期项目。"开始只是一个实验，时间和人员都有限，只有三名员工，"他解释说，"现在硅谷之旅已经变成了一个定期访问项目。事实证明，让我们的员工与硅谷的人员接触、了解未来数字企业的发展非常有价值。现在，我们希望在此基础上，为未来的员工提供一个独特的机会，让他们在一段时间内专注于新的发展。"[47]

这个新项目是员工以访问学者的身份在加利福尼亚州的帕洛阿尔托待 3～6 个月。其间，他们要么暂时搁置日常工作，要么把这些工作交给其他员工，或者，在可能和方便的情况下，在访学期间继续履行职责。任何在该公司数字化转型中发挥关键作用的员工，都可以申请参加该项目。

打破习惯和常规

虽然访学项目带来了效益，但不能规模化地满足公司快速变革的需求，大多数从事传统行业的人仍然抵制新的思维模式。为了应对这一挑战，德普夫纳和人事合伙人亚历山大·施密德－洛斯堡（Alexander Schmid-Lossberg）决定带领 70 位高管踏上学习之旅。这种集体暂停的模式通常发生在工作场所之外。然而，即便是最小的干扰，参与者也很容易陷入惯性思维和不加反思的行为模式中。为了对抗预设的思维方式，鼓励员工培养"外星人"思维策略，两人选择了小众的路线。他们策划了一次帮助员工实现自我颠覆的户外考察，这次考察的主题是"走出你的舒适区"。之所以取这个名字，是因为他们觉得，只有当参与者处于新的、有时令人不舒服的处境时，其才会质疑自己的思维。

首先，他们让高管们乘坐经济舱去硅谷待三天。德普夫纳站在两米多高的空间中，觉得这是一次特别漫长的飞行。其次，他们住在旧金山危险地段的一家简陋的酒店里，甚至共住一间房、睡在一张大床上，目的是打破他们的习惯，帮助他们重新审视问题，让他们更容易接受在访问科技巨头公司和初创企业时遇到的新奇事物。

"我觉得那个地方挺时髦的，"德普夫纳谈道，"有点摇滚范儿，绝对不是我们习以为常的那种。也许正因为如此，我们中的一些人更合拍了，对周围发生的一切更敏感、更关注、更兴奋了。这就成功了一半。还有其他的一些事情，比如共住双人间甚至是睡一张床，我们希望通过这些方式能让我们比住单人房或者打电话更好地交流心声，事实也的确如此。"[48]

施密德 - 洛斯堡对此表示认同："如果你来自传统行业，假设是一家印刷厂，一开始你可能会问自己：'我为什么要去那里？我去那里会影响到我的生意吗？'财务主管也可能会问同样的问题。但最后，每个人都满载而归。我们可以看到苹果、谷歌、爱彼迎这些公司是怎么运作的，采取了哪些不同的做法，哪些可以为我们所用。同样可以看出哪些是永远不该采用的。因为不是硅谷的所有东西都能适应欧洲文化，我们也不想改变所有东西。它让我们……敞开心扉接受变化、适应新鲜事物。"[49]

改头换面

施普林格公司结合休息和暂停的策略，重新部署了战略规划，使公司实现了从内容公司到平台公司的重大转变。2012 年至 2016 年间，该公司投资了一系列数字平台公司，并斥资 3.43 亿美元收购了总部位于纽约的金融新闻网站"商业内幕"（Business Insider）的控股权，这是公司最大的一笔收购。到 2016 年，德普夫纳的十年目标已经实现——公司 60% 的收入和利润来自数字资源[50]。

◆ 要点总结

- 悬浮是跳出框架以获得更广阔的视野的行为。让自己远离行动本身，可以更清楚地进行思考。悬浮不是关注外界，而是专注于内心和内省。

- 悬浮虽然看上去像是一个新奇的概念，但它的起源可以追溯到古代。比如，在日本，"间"（大致意思是处于中间的空间或时间）的概念起源于古代的神道教，"间"被认为是创造力的源泉。

- 如今，科学发现"头脑放松"不代表头脑平静。事实上，大脑处于"默认模式网络"时常常比正在执行任务时还要活跃。

- 悬浮帮助我们克服条条框框和行动上的先入之见，促使我们质疑最初的假设，重新定义想要解决的问题，发现新的见解，思考哪些是真正要紧的事，并从噪声中辨认微弱信号。

- 正因为霍奇抽出时间来悬浮，试图了解狱友及其家人的情况，她才能够理解为什么那么多出狱女性不断回到监狱。

- 想拥有"外星人思维"，你必须利用以下两种形式的悬浮：

  » 暂停一下：从混乱的局面中后退一步，以便有意识地反思你的方法，以及如何更好地调整你的努力方向。

  » 休息：从你的当务之急中抽身，给身心放个假，挖掘一下放空状态下大脑的潜力。

◎ 问问自己

1. 你能回想起一个从行动中后退一步而突然顿悟的例子，也就是一个或大或小的顿悟时刻吗？

2. 你每周能抽出时间来悬浮吗？有没有可以系统利用的时间来进行思考，比如通勤途中？

3. 你能把之前浪费掉的时间（例如，在医院候诊、在超市排队和排队登机的时候）转化为反省和学习的机会吗？

4. 你是否应该尝试换个任务、项目或环境，以避免陷入僵化的思维模式？

5. 你能和不同领域的值得信任的同事交谈，通过他的视角帮助你了解正在发生的事情吗？

第四章
想象：产生天马行空的想法

为什么会发生这种事？

为什么是我？

在一次滑水运动事故中，范·菲利普斯（Van Philips）左腿膝盖以下被截掉。大多数人在遭遇这种不幸后只会思考上面这些问题，但菲利普斯和大多数人不一样。在医生为他安装了木质橡胶假肢后，这位曾是运动员的年轻医学生问自己："如果我设计的假肢和我原有的下肢一样好，或者更好，会怎样呢？它看起来会是什么样的呢？它的功能如何？"这些都是"外星思考者"设想的问题——它们展望了一个新的现实。

质疑现状

在 1976 年的事故发生后，菲利普斯有充分的理由接受现状并继续前行。一方面，自第二次世界大战以来，假肢的设计和功能一直没有太大的变化。大多数假腿和假脚都是装饰品，使用者不能借助它们来走路。另一方面，他所在的美国西北大学修复矫形中心的教授们，甚至不鼓励他尝试发明更好的假肢。在复制人类骨骼、肌肉和肌腱方面，假肢行业受到了技术的限制。然而，到1984年，菲利普斯证明了，之所以几十年来无法开发出功能齐全的假肢，不是由于技术的限制，而是由于想象力的失败。

事故发生后的8年里，菲利普斯沉迷于设计更好的假肢。幸运的是，他拥有许多业内专家所没有的创新方面的优势。一个是他的外行人身份，即使他在修复学领域获得了越来越多的专业知识，他也没有让自己的理念被世俗的观念"污染"。有一次，一位导师建议他去专利局研究所有关于假肢的发明。他的反应是："我不想让别人的想法污染我的思想。我在走自己的路，而不是别人的路。"[1]

此外，菲利普斯并不急于寻找解决方案。他没有快速寻找答案，而是问了很多问题，让这些问题把他领到有时意想不到的新方向。有一次，当想到跳水板的弹力时，他问自己："如果我能用一只假脚重现跳水板的推进效果，会怎么样呢？"后来，在研究了动物的腿部运动，尤其是猎豹的后腿如何在弯曲时产生强大的弹力后，他问道："如果人类的腿能更像猎豹的腿的话，会发生什么呢？"[2]

最终，这种不断提问的过程帮助他将看似不相干的想法串成一套连贯的创新策略。这些想法中最主要的一个，来自他的童年记忆——他父亲曾经有一把中国弯刀。根据他的回忆，弯刀比直刀更强力、更灵活，这使他想到了另一个问题：如果，我发明的不是传统的L形假肢，而是一条长而弯曲的假肢，从腿部到脚趾，就像中国弯刀一样，会怎么样呢？如果有合适的设计和材料，我就可以制造出一条人工腿，将猎豹肌腱的弹性与跳板的弹力结合起来。这将使像我这样的截肢者不仅能够走路，还能跑步和跳跃。

想象力的产物

"飞毛腿"（Flex-Foot）就是菲利普斯想象力的产物。

"飞毛腿"由碳石墨制成，比钢更坚固、比铝更轻，为不同的截肢者提供了各种款式的设计，其中最著名的是"猎豹"（Cheetah）——这款专门为精英运动员设计的 J 形假肢，让菲利普斯能够在走廊上奔跑。之后，他辞去了在犹他大学生物医学设计中心的工作，成立了一家新公司。在找到了商业伙伴并将地下室改造成实验室后，他进行了一项又一项实验，制作又淘汰了几十种不同的模型，每次失败后都对模型进行优化。

1984 年，飞毛腿公司开始销售这些新型假肢。然而，到了 20 世纪 80 年代末，J 形假肢已被没有后跟的 C 形假肢取代。这时，菲利普斯已经意识到，多年来，假肢行业犯下的最大错误就是专注于如何复制人的腿和脚，而他却早已洞察到这是一条死胡同。他没有试图模仿人体解剖结构，而是专注于创建为截肢者提供"动力来源"的模型，无论这些模型看上去多么不寻常，使用的材料和设计都类似于韧带、肌腱和骨骼。

菲利普斯设计的产品看起来一点也不像人的肢体，但它们确实有用。他的发明被用于攀登珠穆朗玛峰，还被一名双腿截肢的短跑运动员用来参加美国大学生体育协会的田径比赛。截肢者使用"猎豹"参加了波士顿马拉松，还完成了铁人三项。其中最著名的当属南非短跑运动员奥斯卡·皮斯托瑞斯（Oscar Pistorius），他在 2012 年伦敦奥运会上使用了两只"猎豹"参赛。

对菲利普斯来说，同样重要的是，他的创意使他能够每天在位于加利福尼亚州南部的家附近的海滩跑步。

2000 年，菲利普斯把公司卖给了位于冰岛的假肢矫形器材公司奥索（Ossur），让这家公司继续销售"猎豹"和他的其他型号的假肢。该公司首席执行官扬·斯格德松（Jon Sigurdsson），称赞菲利普斯"是个有远见的人，他的想法和进步的技术是我们的核心资产"[3]。美国截肢者联盟主席兼首席执行官帕迪·罗斯巴赫（Paddy Rossbach）说："范·菲利普斯设计的假肢改变了整个假肢领域。"[4]

想象是什么？

要像菲利普斯一样创造出突破性解决方案，你需要想象力。

但想象力是什么？你如何才能培养想象力呢？最重要的是，你如何在最需要的时候召唤出这个精灵呢？

正如词根"像"（image）所表明的，想象与所见有关。想象力是一种通过想象一些不存在的东西来产生原创想法的能力。在拉丁语中，"imaginari"这个词的意思是"形成一幅脑海中的图像"或"给自己描绘画面"[5]。所以当你想象的时候，你是在脑海中形成一个身临其境的画面。

与大多数人相比，"外星思考者"更善于想象出新的解决方案。

他们不受我们大多数人背负的智力包袱的约束，那些包袱就是阻止我们"看见"的先入为主的观念、假设和偏见。

功能固着：想象力的障碍

在所有的心理约束中，最常见也最有害的就是"功能固着"。这是一种偏见，通常会限制你进行创造性思考的能力，阻碍你想象熟悉的物体或概念的其他用法。

心理学家卡尔·邓克尔（Karl Duncker）创造了"功能固着"（functional fixedness）这一概念，其指的是无法意识到某些已知的特定用途也可以为其他目的服务。当你面临一个新问题时，功能固着阻碍你将旧工具用于新用途。例如，在邓克尔著名的蜡烛实验中，他向实验对象展示了一盒蜡烛、一盒图钉和一盒火柴，要求实验对象只用这些工具把蜡烛粘在墙上。

许多人认为，这个挑战只涉及三种物品——蜡烛、图钉和火柴。然而，"外星思考者"很快就会明白，他得到的不是三种工具，而是四种——装蜡烛的盒子也可以用作放置蜡烛的架子。受到功能固着影响的人可能会看不到这种可能性，他们只会把盒子看成一个容器，而不是一个多功能工具[6]。

另一项练习是一个简单的拼图游戏，有时在课堂上被用作热场活动。拼图共有23块，一面是亮红色，另一面是暗灰色。转折是，只有当你忘记拼图游戏的一般规则后，这个拼图才能拼成功。例如，你会假设拼图有四个角，需要使用所有的图块，拼的时候必须让亮红色的一面朝上。但当拼图完成时，拼图结合了亮红色的一面和暗灰色的一面，没有一个理应放在角落的图块放在角落。这个练习揭示了：大多数人在遇到新情况时都会用之前的经验指导他们的思维模式，这样会阻止他们探索似乎不符合既定做事方式的不寻常做法。

功能固着的影响随着年龄的增长而增大。你越是练习解决方案，就越难找到替代方案。小孩子不太容易产生这种偏见。在上面的蜡烛问题中，研究人员发现，成年人和 6 ～ 7 岁的儿童，在想到使用盒子时明显比 5 岁的儿童慢。当你获得使用物品的更多经验时，你就会失去这种功能流动性，并专注于如何"正确"使用不同的对象和概念。

一个反例是宜家黑客，他们找到了宜家家具的新用途。一个专门介绍这些技巧的网站（www.ikeahackers.net）展示了一系列有趣的创意性用途。一旦克服了功能固着的影响，人们就能释放这种创造力。例如，廉价的圆形木凳可以变成放笔记本电脑的小桌子、衣帽架，甚至是小孩子使用的没有踏板或链条的平衡自行车。

"外星人"思维避免了偏见，通过摒弃常规操作、探索新的替代方案来激发想象力的飞跃。

在飞毛腿的案例中，菲利普斯摒弃了假肢行业的惯常做法，即一定要让假肢看起来像真人的腿和脚。相反，他将装置之间铰接起来，使假肢可以提供与人类四肢相同或更好的功能，就像跳水板、猎豹腿和弯刀一样。这些种类繁多的装置与人类骨骼和肌肉组织没有什么共同点，但类似的作用和特性激发了菲利普斯的想象力。正因为认识到跳水板、猎豹腿和弯刀的设计可以用于其他用途，他采取了一种创新策略，取得了重大突破。

天赋还是技能？

想象力笼罩在神秘之中，常常被描绘成一种天赋。像天赋一样，人们常常认为想象力是一种与生俱来的品质，有的人天生就有，有的人没有。这种想法认为，我们大多数人在出生时就注定是不开窍的笨蛋，只有少数人被赋予了异于常人的创造性想象力。

这种观点在艺术界可能是合理的，因为美学和情感在艺术界扮演着十分重要的角色，但在其他领域则不然。我们把想象力看作一种普遍的品质、一种每个人在很小的时候就具备的特质。不幸的是，随着时间的推移，我们大多数人逐渐失去了想象力[7]。

想象力是由我们的教育体系社会化的。比方说，学校经常因为没有发挥想象力催化剂的作用而受到批评。教育专家肯·鲁滨逊（Ken Robinson）的 TED 演讲，是有史以来观看次数最多的 TED 演讲之一，截至目前的观看次数约为 5 600 万。他在演讲中为学科的等级制度感到悲哀，认为不应该把数学和科学排在最前面，而把艺术和音乐排在最后面，并且主张创造力应该"和读写能力一样重要"。他还指出，学校"教"你给出老师所期望的答案，给失败贴上污名，让你害怕别人的评判。成年时，你已经学会了压抑自己的创造力[8]。所以，大多数人试图减少或隐藏他们的白日梦，这又有什么好奇怪的呢？谁想被塑造成一个轻浮的、无所事事的、浪费时间的人呢？

为了纠正以往重视死记硬背、轻视创造力的习惯，你需要一些技巧来重拾并提升你的想象力，打破常规思维的束缚。

心理学家爱德华·德·博诺（Edward de Bono）率先提出了这种技巧。

他对我们理解想象力（他称之为"横向思维"）的重大贡献在于，帮助我们识别到想象力是一种可以激发和培养的能力。他提出了运用不同的"思考帽"，迫使人们跳出惯常的思维方式，从更具批判性的、积极的或感性的角度来考虑问题。另一种方法是，试着找到一个随机的概念和你所面临的挑战之间的联系，从一个新的角度应对困难，激发创造性想法[9]。

在组织中，人们有时会在想象和头脑风暴中的灵光一闪之间画等号。头脑风暴如果进行得当，可以帮助创新者利用团队的创造力。设计公司 IDEO 创建的在线学校 IDEO U，开设了一门叫"头脑风暴：创意生成的规则和技术"的课程，里面提供了将头脑风暴转变为富有成效的创意练习的指南，其中包括[10]：

- 不急于下结论；
- 鼓励大胆的想法；
- 以他人的想法为基础；
- 不偏离主题；
- 一次只讨论一个话题；
- 图文并茂；
- 追求数量，越多越好。

如果说这些规则和即兴表演课上的有相似之处，那并不是巧合。头脑风暴和即兴表演都需要团队的创造力，而且二者在理论上都没有明确的最终目标。相反，我们的目标是在不进行评判和自我纠错的情况下，产生尽可能多的原创想法，观察这些想法会对团队产生什么影响。

但还存在一个问题。尽管头脑风暴促进了想法的产生，但并不一定产生原创想法。人们进行头脑风暴的时候，最激进的想法往往很快就会被剔除或被阉割。残酷的现实是，创造性思维训练往往引致想象的假象，但结果却令人失望[11]。出于这个原因，设计师杰克·纳普（Jake Knapp）禁止在他著名的设计冲刺①阶段进行头脑风暴。他是谷歌 Meet②的创始人之一，还协助开发了谷歌邮箱和微软大百科全书等产品[12]。纳普倾向于让团队的每个人用文字和图片，在纸上勾勒出一些关键的想法，以形成一个连贯的概念，并鼓励团队中的每个人进行深入的批判性思考。这样，大家再也不用因为想法的分歧而对彼此大喊大叫了。每个人都必须独立工作，花时间思考自己的想法，并清楚地表达出来，这样这些想法才能被团队的其他成员接受。

只用方法是不够的，创造力还取决于思维方式。无论是集思广益还是单独作战，为了发挥头脑风暴应有的作用，你都需要释放并激活你的想象力。

释放你的想象力

想象力经常被感知约束所束缚，无论是在社交中害怕失败或被嘲笑，还是在认知上对物体、过程或概念的功能固着。因此，为了充分发挥你的想象力，你必须首先打开思维的牢门。为了做到这一点，你需要像孩子一样，以开放的思维来处理问题。

---

① 设计冲刺（design sprint）是美国旧金山湾区流行的一种设计方法。团队领导者通过这种方法带领团队在 5 天内高效解决设计问题并测试新点子是否奏效。——译者注
② Meet 是谷歌开发的一款免费视频聊天应用程序。——译者注

通过这种方式，阿根廷一名汽车修理师发明了一种新的医疗设备，这种设备每年可以挽救数十万人的生命。

多年来，豪尔赫·奥东（Jorge Odón）在他的车库里捣鼓新发明。毫不意外的是，这些发明都与汽车有关。然而，在 2006 年的一天，他注意到几名员工正在重演 YouTube 视频里的一个场景。视频中，软木塞卡在了瓶子里：通过利用简单的物理原理，将一个塑料袋置入瓶中，对袋子充气，直到它把软木塞包围，再拉出塑料袋，就能从空玻璃瓶中取出软木塞。当晚与朋友吃饭时，奥东打赌说他能从空酒瓶中取出软木塞，并通过演示这一操作赢得了赌局。

但事情没有止步于此。据奥东说，他在第二天凌晨 4 点叫醒妻子，告诉她自己有了一个想法，并询问她：如果发明一个类似于开塞器的装置，是不是就能让卡在孕妇产道里的婴儿脱离危险呢？

他妻子说他疯了，叫他回去睡觉。

虽然奥东自己的孩子出生时没有任何问题，他的姑姑却在一次分娩时导致孩子神经受损，而这并不是个例。每年，在全球约 1.37 亿新生儿中，约有 10% 有罹患严重并发症的可能。近 600 万婴儿在分娩时或之后不久夭折，每年有 25 万多名妇女死于分娩，贫穷国家的孕产妇死亡率尤其高。难产是引起死亡率的主要因素：当婴儿的头部太大而无法顺利通过产道时，就会导致难产。

近年来，分娩时最常用的牵引婴儿的工具是产钳和吸盘——贴在婴儿的头皮上。这两种工具都有挤压婴儿头部、扭曲婴儿脊柱或导致婴儿及产妇出血的风险[13]。相比之下，使用奥东的助产器，这些风险就荡然无存了：助产师将一个可充气的气囊塞进包裹住婴儿头部的光滑塑料套筒内，充气后会抓紧婴儿头部，然后拉动套筒，婴儿就顺利出生了。

就在奥东想出这个点子的早上，他被介绍给一位产科医生。医生比他的妻子更鼓励他，于是奥东继续钻研他的想法。他在自己的厨房里做了第一个模型，用一个玻璃罐代替子宫，用女儿的布偶代替卡住的婴儿，用布袋和套筒充当救生装置。

在一个堂兄的帮助下，奥东认识了布宜诺斯艾利斯一家大医院的产科主任。这位主任有个在世界卫生组织工作的朋友，这个朋友认识负责该组织改善孕产妇和围产期健康工作的马里奥·梅里阿迪（Mario Merialdi）博士。2008 年，在阿根廷举行的一次医学会议上，梅里阿迪博士给了奥东十分钟的时间来陈述他的想法，结果原本的十分钟变成了两小时。会面结束时，梅里阿迪博士大为震撼，并为奥东安排了一个模拟实验室进行设备的测试。自那以后，奥东一直在改进他的发明。

"这个问题需要像奥东这样的人。"梅里阿迪医生说，"产科医生只会想到努力改进产钳或真空吸引器，但难产更需要会机械的人。而在十年前，如果没有 YouTube，他看不到给他灵感的视频，这些都不可能发生。"[14]

在富裕国家，奥东的设备有可能拯救成千上万的产妇和婴儿，并减少剖腹产的数量。美国医疗技术公司碧迪（Becton Dickinson）获得了该设备的制造权，并于 2016 年开始临床研究，结果使包括助产器和手柄在内的各种设备都得到了改进。2018 年，改进后的设备进入了第二阶段的测试。这一切都源于汽车修理师释放了他的想象力手刹。

寻找玩乐的心态

另一种产生新想法的方法是采取一种玩乐的心态。

玩乐长期以来被认为是想象力的组成部分，甚至在研究人员开始细数它的优点之前，一些历史上最具想象力的伟人就证明了玩乐的实用价值。正如生物学家帕特里克·贝特森（Patrick Bateson）在他的文章《玩乐与创造力》中指出的那样，许多最具创造力的作曲家、艺术家和科学家都非常好玩。莫扎特常因其顽皮的幽默感被诟病，这也体现在他的一些音乐作品中。例如，他的经典三声部卡农 KV559 就由毫无意义的拉丁歌词组成，唱起来像粗俗的德语词汇。艺术家埃舍尔（M. C. Escher）在谈到他自己的构思时说："我忍不住以玩弄我们认为无可辩驳的事情为乐。这是……一种故意把二维和三维、平面和空间混淆起来的快乐，还有把重力玩弄于股掌之间。"甚至连青霉素的发现者亚历山大·弗莱明（Alexander Fleming）也被他的老板指责把研究当作游戏。当被问及他在做什么的时候，他回答说："我在和微生物玩……打破常规，找到一些没人想到过的东西，是一件很愉快的事情。"

玩乐就是打破既定的模式，以新的方式将行动或思想组合起来，有助于促进创造力，因为创造力也包括突破常规的想法和行为。这就是为什么有创造力的人，能够发现前人看不见的模式和关系，并把看似不相干的元素用新的形式连接起来[15]。

《仙境：游戏如何塑造现实世界》（*Wonderland: How Play Made the Modern World*）的作者史蒂文·约翰逊对此表示赞同。他认为，需求并不是发明的唯一源泉，游戏也是发明之母，我们严重低估了游戏是如何塑造世界的。他说：

> "当我们看到驱动社会历史变革和创新的模型时，我们认为，需求和对权力的追求是传统上变革的主要推动力。但我认为，这个充满游戏、欢乐和奇迹的世界——我们只是为了好玩而做的这些事情——实际上最终以深刻的方式改变了社会，为真正的变革性想法奠定了基础。回溯早期的技术发展历程，骨笛是人类最早的发明之一，距今至少有 7 万年的历史。想象一下，当时你有整个世界的东西可以发明。你已经有了长矛和缝衣针之类的东西，可以发明任何你喜欢的东西，而你选择了发明什么呢？你发明了一支笛子，它没有任何功能，却能发出一些让我们的耳朵感到愉悦和有趣的声音。"[16]

总而言之，我们人类总是在技术的帮助下，寻求有趣和愉快的新体验。

玩乐意味着探索、不妄下结论，可以促使你抓住更多的机会，大胆地走上你谨慎的一面通常会避免的道路。幸而你爱玩的一面并不令人担心会让你走上一条可能通向死胡同的路，它关注的是探索的过程，而不是是否到达了一个特定的目的地。你爱玩的一面使你对于开辟新的道路感到快乐，无论它们通向的是突破性解决方案还是一堵墙。

基于这些原因，爱玩的人，比如爱做白日梦、胡思乱想和爱占星的人，更有可能想出独创的解决方案。对他们来说，工作就是娱乐。

这种态度给了他们必要的情感空间，让他们可以不假思索地犯错误，然后以开放的心态研究这些错误的结果[17]。

在准备促使创新快速迭代的绘画练习"深潜"时，我们经常要求参与者在两分钟内画出他们的邻居。这样做是为了提醒他们，创作必须抱着玩乐的心态：把别人对他们的评价、担心自己出丑的想法放到一边，把他们觉得自己不具备所需能力的想法放到一边，摒弃觉得深潜只是一项微不足道的练习的观点。

小孩子没有这些顾虑，他们知道自己的画不会完美地再现现实，他们无忧无虑，全身心地投入其中，不关心画得好不好看，也不担心别人会不会笑话他们。

绘画练习暗示了创新所需的思维模式。正如萧伯纳曾经说过的："我们不是因为老了才不爱玩了，而是因为不爱玩了才老了。"

对问题而非答案进行头脑风暴

如果说玩乐的态度提供了点燃想象力之火所需的氧气，那么对问题进行头脑风暴就提供了火种。

但这个过程比听起来要复杂得多。我们大多数人都习惯于寻求答案，而不是提出没有现成答案的问题。因为我们总是被教导去寻找解决方案，所以徘徊不定的状态会让我们非常不舒服[18]。然而，发现正确的问题，尤其是挑衅性问题，对激发个人和集体的想象力是必要的，有助于开拓新的视角，打开通往不那么显而易见的解决方案的大门。

总的来说，头脑风暴框架专注于产生大量的问题，不管这些问题多么离谱、多么愚蠢，或者看起来与挑战多么无关紧要。有些人对提问时间设置了严格的期限，强迫参与者继续提问，而不是停下来纠正自己或批评别人的问题。

此外，人们普遍认为，某些类型的问题往往能比其他类型的问题产生更好的结果。例如，设计思维坚持认为"我们如何能"这种问题对练习头脑风暴非常重要。这种问题是有用的，有助于重新组织你试图解决的问题。然而，这种问题不能保证会诞生有想象力的解决方案，因为它几乎不能消除前面提到的功能固着之类的心理约束。

"外星思考者"了解对问题进行头脑风暴的重要性，提出能改变游戏规则的问题，释放想象力，寻求新的可能性。他们敢于提出颠覆性、变革性甚至是令人不舒服的问题，而人们对这些问题没有简单的答案。在一些组织中，这些挑衅性问题可能因为试图消除对言论和思想的隐性限制，而被认为是异端邪说。它们可能会引人侧目，因为表现出了儿童在与世界的互动中呈现的那种天真，而大多数成年人和专家都竭力避免这种天真。

有几种类型的问题有助于实现"挑衅性探究"、激发突破性思维。其中，以下两种最重要。

"为什么"的问题

"为什么"是孩子们想要理解世界是如何运转而提出的第一种问题。"为什么我现在必须上床睡觉？""为什么我不会飞？"当提到探索所有创新的可能时，问一些"为什么"是至关重要的，尤其是当你想要改变现状时。

这就指出了以往头脑风暴练习的另一个局限性：无论最初的框架设定得怎么样，这些练习都只是让人们大声说出听起来正确的想法。我们针对问题想出了尽可能多的答案，而没有首先考虑到这个问题和我们目标的相关性，这就是出错的地方。有时，我们问的问题是错的，或者可能有更深思熟虑的方式来提问。我们问的问题越多，我们就会变得越好奇，越积极地追求针对这些问题的创新性解决方案[19]。比如说，你可以在工作或休息的时候问以下"为什么"问题：

• 为什么会有某种情况出现？

• 为什么它会带来问题或创造一种需求或机会，以及是对谁而言？

• 为什么以前没有人解决这个需求或问题？

• 为什么你（或你的团队和组织）想要花更多的时间思考这个问题，并围绕这个问题发问？

这就是菲利普斯在他开始设计更好的假肢时采取的方法。他没有问"为什么是我"，而是想知道为什么假肢应该用木头和橡胶制成，为什么假肢应该像人的脚，以及为什么不应该把注意力放在性能而不是外观上。

"要是……会怎么样"的问题

"要是……会怎么样"的问题能帮助你探索可能性，让你敢于发现与众不同的东西，而不在意可行性或可能受到的嘲笑。例如，奥东问自己："如果利用同样的原理发明一个类似于开塞器的装置，是不是就能让卡在孕妇产道里的婴儿脱离危险呢？"

同理，对于一个组织来说，问题可能是："如果我们不再做现在做的事情，会怎样呢？" 2009 年，因一级方程式赛车而闻名的迈凯伦集团（McLaren Group）就问过这个问题。一级方程式赛车上装满了传感器，迈凯伦的工作就是利用传感器收集到的数据来创建模型和策略，让车手们赢得比赛的胜利。自从迈凯伦的员工提出了"要是把这些数据用于其他用途会怎么样"这个问题之后，他们就充分利用自身的性能改进能力，服务于更广泛的客户群——从精英运动队到医疗保健体系和空中交通管制服务。自 2009 年以来，迈凯伦应用技术公司（McLaren Applied）就基于一级方程式遥测技术，为中风患者和肌萎缩侧索硬化患者设计了健康监测系统，还为希思罗机场创建了一个调度程序系统，以减少航班延误，并与全球最大的一些石油和天然气公司进行了合作。

"要是……会怎么样"的问题解放了迈凯伦的顶级团队，使团队思考迈凯伦在材料科学、空气动力学、模拟仿真、预测分析和团队合作方面世界一流的能力，如何应用于其他领域。这个部门已经成为集团中成长最快、利润最丰厚的部门，为迈凯伦转型为一家恰好拥有一支成功的一级方程式赛车车队的咨询和技术集团铺平了道路[20]。

激活你的想象力

要激活你的想象力，除了摆脱社交和认知上的局限以外，还可以通过增加知识储备和联想实现。

克里斯·谢尔德里克（Chris Sheldrick）创办三词地址（What3words）就是一个典型例子。谢尔德里克对 GPS 定位的准确性深感失望，加上他作为棋手的经历，激发了他创建一种更可靠的定位系统的灵感。他和一位数学家朋友（以前学校象棋队的队友）一起，把世界划分为无数个 3m × 3m 方格，每个方格都有自己独特的由三个单词组成的标识符。事实证明，对于住在偏远村庄和棚户区之类的没有明确地址的人而言，这一突破性解决方案特别适用于向他们寄送邮件和药品。

谢尔德里克想出发明三词地址的点子时，正在经营一家实况音乐预订和制作公司。他目前仍是该公司的非执行董事，该公司与他的新公司共用一间办公室。后勤是他工作的一个重要部分，谢尔德里克发现，每当他给 30 个人发送路线和地址，总是会有一两个人致电说："我在树篱旁的一盏灯下，可以寄到吗？"

"对有些地址来说，邮政编码是有用的，"谢尔德里克说，"但如果你要去温布利体育场（Wembley Stadium）这样的地方，邮政编码就没多大帮助了。那里只有一个邮编地址——对应着十二个停车场。"

我和一位数学家朋友喝茶时，向他表达了对 GPS 坐标准确性的失望，我在努力寻找一种对人们来说非常容易的方式来命名世界上的任何地方。我们列出了一份包含 40 000 个单词的表格，足以让地球上每一个 3m×3m 的地方都有自己独特的由 3 个单词描述的地址。随后，我们在信封背面写了一个早期版本的三词地址算法。

虽然现在有很多定位系统，但设计思路都是一致的。人们把坐标简化为由字母和数字组成的代码，但这些代码包含了太多的字符，实际上是无法使用的。在我们看来，用 9 个数字和字母的组合来代替 16 位数字并不是一个恰当的解决方案，而且几乎不可能被人记住。而人们可以在短期内完美地记住 3 个单词，任何人都可以把 3 个单词搞清楚[21]。

如今，三词地址被应用于 170 多个国家的个人、企业、援助机构和紧急服务机构。该公司还与五个国家的邮政服务部门签订了合作协议。该系统被格拉斯顿伯里音乐节、火人节（Burning Man）①、超级碗、奥运会和世界人道主义峰会用于安全协调。此外，该系统正逐步安装在自动驾驶汽车和无人机递送系统中，人们可以在见朋友或记住他们把车停在哪里的时候使用三词地址。

这个例子说明了激发想象力有两种既定方式：使用类比和组合概念。

使用类比

类比思维鼓励你的大脑建立不同类型的联系，促使你在两个截然不同的事物之间找出意想不到的相似之处。谢尔德里克和他的同学曾经是伊顿国际象棋队的成员，他们很快将方向转变为设计一种容易识别的方格棋盘结构。这个由想象力的灵感组成的网格，现在覆盖了整个地球——包括陆地、海洋和极冰地区。

你可以用类比产生新的想法，或者从新的角度来考虑一个问题。类比思维鼓励你的大脑将信息从你理解的领域传递到不熟悉的领域，

---

① "火人节"始于 1986 年，其基本宗旨是提倡社区观念、包容、创造性、时尚以及反消费主义，每年 8 月底至 9 月初在美国内华达州黑石沙漠举行。——译者注

以帮助解决问题[22]。心理学家德瑞·根特纳（Dedre Gentner）称之为"引导心灵"[23]。你不仅可以在人类社会中找到有用的类比，也可以在自然界中找到。例如，猫眼的反光特性启发英国人珀西·肖（Percy Shaw）发明了反光镜，帮助司机在夜间安全驾驶；远足时荨麻刺附着在衣服上的烦恼，促使瑞士工程师乔治·德·迈斯德欧（George de Mestral）发明了维克牢魔术贴（Velcro）。

当你想为一个问题找到新的解决方案时，类比可以打开新的思路。问问你自己"这个问题还有什么其他的特点？"或者"我以前在哪里见过这样的东西？"

类比忽略了知识领域之间的传统界限。以诺曼·约瑟夫·伍德兰（N. Joseph Woodland）为例，他接受了当地一家连锁超市老板设置的挑战，将交易记录流程自动化。两个类比帮助他破解了这个难题。为了直观地表达信息，他认为需要一种类似小时候学过的摩尔斯电码的东西，这种电码简单易懂、有无限组合。另一个灵感源于他在沙滩上休息时，心不在焉地在沙滩上画的图案。伍德兰后来回忆说："我把四根手指伸进沙子里，不知什么原因，我把手拉向自己，画出了四条线。我说：'天啊！现在我有四条线，既可以是宽线，也可以是窄线，而不是点和线。'"[24]不同宽度的沟痕就像图形式的摩尔斯电码，这就是他想出条形码的经过。尽管他在1952年就申请了这项发明的专利，但事实证明，在当时技术下这项发明的应用成本太高。经过扫描仪和计算机技术领域几十年的发展，条形码的全部功能才得以发挥出来。

在群体中，类比会引发更多创造性对话。类比是对复杂问题达成共识并产生新见解的强大工具。蒙特利尔麦吉尔大学的研究人员对4

个微生物实验室的科学家进行了研究，发现他们在一小时的实验室会议中使用了多达 15 个类比。而且越成功的实验室，在讨论工作时使用的类比越多[25]。

组合概念：会飞的驴

类比通过形象化的联想激发创造力，但创造力更多地依赖于思想或学科的有机组合。以三词地址为例，数学和语言之间的联系从一开始就很明显。联合创始人很快计算出，一个包含 4 万个单词的列表可以排列出大约 60 万亿个组合，足以给地球上每一个 3m × 3m 的正方形区域提供一个独特的由三个单词组成的地址。

创造力往往是奇特组合的产物。基本上，你可以从其他世界吸收想法并将其应用到自己的世界中。"骄傲地取用"意味着改变原有的概念，赋予概念新的生命。通过关注或悬浮，你可能会注意到一些有趣的见解和实践，它们可以从一个领域应用到另一个领域。

乔纳森·莱贾德（Jonathan Ledgard）是一位战地记者，也是《经济学人》（Economist）驻非洲的长驻记者，他设想建立一个以无人机为基础的网络，可以向非洲的偏远地区运送血液和医疗用品。

在非洲旅行期间，莱贾德目睹了其他许多西方记者记录下的社会和经济挑战（未连成串的点），包括：

• 经济体基本处于前工业化阶段，但其人口配备了数字通信技术设备，包括可上网的手机、平板电脑等。

• 青年失业率高。据世界银行估计，未来十年，非洲 80% 的年轻人将无法找到有薪水的工作。

• 糟糕的交通基础设施。在非洲的大部分地区，运输物体的方式还和中世纪的欧洲一样原始，令人望而却步。

莱贾德和其他到过非洲的人的一个关键区别在于，他通过与高科技领域尤其是机器人领域的人交谈，将这些点与他发现的其他点建立起了独特的联系。他发现的与上述问题相联系的事实包括：（1）无人机不仅仅可以运输导弹和监视设备；（2）无人机式机器人的成本正在急剧下降，很快就连最贫穷的国家也负担得起。

有了这些知识，莱贾德设想成立一个以无人机为基础的空运企业，可以在非洲较小的城市和乡镇之间运送少量的货物，通过无人机每天携带 20～40 千克的货物，在相同目的地之间来回飞行几十次。莱贾德在提出这个设想后不久，向他在肯尼亚北部遇到的一位牧民阐释了这个想法。

我们真的想做出这种飞行器，可以承受大概 20 千克的有效载荷。它能够飞到空中投掷物品，再捡起物品。他很难理解我在说什么，但接着他向后一靠，点了点头，说："哦，我知道了。你想让我的驴子飞上天。"

我们意识到，的确，在某种程度上这正是我们想要的。我们想要的是一种中等体型的飞行器，驴子大小，能携带和驴子差不多的有效载荷，并且能飞得更远一点，能飞 150 千米的距离。所以我们决定放弃"无人机"这个词，改用"驴子"。我们正在设计会飞的驴[26]。

"红线"（RedLine）因此应运而生，并于 2016 年开始在卢旺达试运行。

门外汉的优势

我们在本章中讨论的几个突破性思维的例子，就说明了这种组合性思维的优势。这些案例介绍的都是由某领域的门外汉做出的贡献。谢尔德里克不是定位专家，奥东不是产科医生，菲利普斯也不是工程师。

这并非偶然。研究表明，门外汉通常会更容易像"外星思考者"那样推理、设计出新的解决方案。在很多情况下，他们更擅长将不同的想法联系起来，因为他们的先入之见比内行人更少。

例如，一项研究分别请木匠、屋顶工人和直排轮滑运动员三组成员，就如何改进木匠的呼吸器面罩、屋顶工人的安全带和直排轮滑运动员的护膝的设计提出意见。对解决方案的独立评估表明，每组人员都更擅长对自己不了解的领域提出新的解决方案[27]。

此外，哈佛商学院教授卡里姆·莱克汉尼（Karim Lakhani）在研究创新平台意诺新（InnoCentive）上发布的解题竞赛的 166 道题时发现，获奖作品更有可能来自"意想不到的贡献者"，他们的专业领域较为"遥远"，而他们对焦点研究领域并不熟悉[28]。

另一项众包研究证实了这一"边缘性优势"。该研究显示，外行人比内行人更有可能对相对复杂棘手的研发问题提出突破性解决方案。（但外行人也需要投入大量的时间和精力来实现"大C"创造力①[29]。）

---

① "大C"创造力指科学家、艺术家们拥有的这类备受推崇的"创造力"。"小C"创造力指的是解决日常问题以及适应变化的能力。——译者注

美第奇效应

组织可以通过将具备不同知识储备和观点的头脑集合起来，从而实现"美第奇效应"（Medici effect），这是作家弗朗斯·约翰松（Frans Johansson）创造的术语。美第奇家族是意大利文艺复兴时期一个颇有影响力的由银行家和政治家组成的家族。如今，他们因为曾赞助不同的艺术家、建筑师和哲学家——包括米开朗基罗、达·芬奇和马基雅维利——而知名。约翰松说，美第奇家族汇聚了来自欧洲各地乃至遥远中国的最伟大的人才，打破了各种学科之间和各种文化之间的界限，促进了创造力的爆发。本质上，美第奇效应指的是多元化如何推动创新的发展：通过聚集一群有着不同观点、背景和才能的人，使每个人都能借鉴其他人的想法，从而开辟新的天地。希望推动创新的个人和组织，应努力像美第奇家族那样创造多元化的环境[30]。

数字技术释放人的想象力

机器能帮助人类变得更有想象力吗？

一个更有趣（或更令人担忧）的问题是，机器本身是否具有想象力和创造力？

在帮助人类变得更具想象力方面，数字工具有助于激发横向思考和关联想象。例如，一个名为 Seenapse 的搜索引擎将互联网上不相干的部分汇集到一起，以激发创造力。它通过捕捉和分享别人在搜索结果中的跳跃性思维，来激发你自己的思维跳跃。别人去过的地方可能会激励你也前去参观，尽管你之前没有考虑过要去。另一个搜索引擎Yossarian对搜索词的含义进行挖掘联想，生成不同程度的隐喻，帮助用户进行创造性飞跃和联想。

数字工具还可以帮助你将相隔甚远的领域中的研究联系起来。例如，一家名为BenevolentAI的公司正在使用人工智能挖掘和分析大量的生物医学信息，信息来源广泛，从临床试验数据到学术论文都涵盖在内。除此之外，BenevolentAI还可以识别在临床试验中用于治疗某些疾病的分子（无论治疗成功与否），然后预测相同的化合物如何用于治疗其他疾病[31]。

2020年1月，该公司的科学家将他们的算法转向了新型冠状病毒。该公司搜罗了大量医学期刊的研究结果，寻找现有的可用来对抗这种病毒的药物。

BenevolentAI的首席执行官乔安娜·希尔兹（Joanna Shields）告诉记者："我们没有把注意力完全放在对病毒可能有直接影响的药物上，而是探索了如何抑制病毒感染人类细胞的过程。"[32]经过90分钟的分析，一种潜在的治疗方法诞生了：他们找到了一种用于治疗类风湿性关节炎的口服药物，这是一种由美国制药公司礼来（Lilly）销售的药物。根据算法预测，这种药物可以抑制病毒自我复制和进入人体细胞的能力，这种药物还可以缓解病毒感染者的症状。

BenevolentAI的科学家联系了礼来，礼来很快进行了自测，结果在很大程度上证实了这些发现。礼来随后启动了一系列临床试验，以进一步测试和验证该药物对抗新型冠状病毒的效果。

BenevolentAI 还可以利用其人工智能算法的预测能力设计新分子，在由基因、疾病、蛋白质和药物之间的 10 亿多个关系组成的知识图谱的基础上提出新的假设。"当元素周期表生成时，表中有一些空白。你知道这些地方肯定有元素存在，但它们还没有被发现，"旗下子公司BenevolentBio 的首席执行官杰基·亨特（Jackie Hunter）说，"我们是这样使用我们的知识图谱的：有哪些应该存在但我们还不知道的关系？"[33]

机器也可以通过提出问题和回答问题来助力人类的想象力。这可以通过一个叫"自动生成假设"的过程来实现。在这个过程中，先进的计算机筛选了大量的信息，来寻找非直观的联系。机器从这些联系中提出可以由人类进一步测试和完善的假设。今天，近百个科学小组正在努力开发工具，以便自动生成假设，目的是利用这些工具来翻阅世界各地数据库中数以亿计的期刊、论文和学术报告。这表明，自动生成假设而不是人工智能，可能才是未来激活突破性创新的技术[34]。

数字匿名是另一个可以促进创造力和想象力的手段。许多数字工具和应用程序允许匿名浏览和参与，让人们不必担心别人的看法，可以更大胆地追求想象力和创造力。

通过给人们提供新的游戏工具、提出不同的问题、进行类比和将遥不可及的领域关联起来，数字工具和技术可以帮助人类释放和刺激大脑的潜力。

机器的崛起？

机器本身是否具有想象力和创造力呢？

　　大多数传统观点认为，计算机最适合日常的结构化任务。尽管它能比人类更快、更精准地完成这些任务，但需要创造力、创新思维和想象力的任务大大超出了它的能力，这些"高阶任务"完全是人类能力范围内的事情。即使计算机在国际象棋比赛中击败了人类，也不是因为计算机更有创造力。计算机之所以能获胜，是因为国际象棋是有结构的、有界限的、可预测的，而计算机在计算上可以轻易地超过人类。

　　但如果传统观点真的是正确的，那么计算机怎么可能在得州扑克上击败人类呢？在这种扑克游戏中，虚张声势和读取对手的信息与数据处理能力同等重要。还有，围棋是如此复杂，即使是世界上最大的超级计算机，也无法计算出所有可能的走法和阵法。

　　阿达·洛芙莱斯（Ada Lovelace），现代计算机的发明者之一，也是最先知道计算机不仅仅能计算数字的人之一。洛芙莱斯是诗人拜伦勋爵和数学家安娜·伊莎贝拉·米尔邦克（Anne Isabella Milbanke）的女儿（艺术与科学的强强联合），她与计算机先驱查尔斯·巴贝奇（Charles Babbage）合作开发了第一台计算机，命名为"分析引擎"，她还知道计算机的算法可以应用于数学以外的领域。例如，她推测，如果音乐或艺术可以被分解成规则，那么符号逻辑（即算法）也就可以用于编写分析引擎的程序，从而制作图片和乐谱。她甚至还写到可以打造一台创作音乐的机器[35]。但是，尽管她对计算机创造艺术和音乐的能力持乐观态度，她还是坚持认为，机器不可能轻易复制人类的创造力和想象力。

　　一百多年后的20世纪50年代，计算机先驱艾伦·图灵（Alan Turing）相信计算机很快就会像人类一样思考。他发明了图灵测试来证明这一点，该测试自从那时起就被通过了。然而，现在有些人更喜欢使用洛芙莱斯测试。洛芙莱斯测试要求证明计算机的创造力和分析能力[36]。特别是，要通过洛芙莱斯测试，人工智能必须能够自行设计出创造性产物，可以是一个想法或者是一段音乐，但不能是靠既定程序设计出来的。此外，人工智能的设计者必须无法解释如何通过原始代码生成这个新的产物。目前，还未曾有任何人工智能系统通过洛芙莱斯测试[37]。

近年来，强有力的证据表明，计算机正在超越我们的指令，表现出非常类似于创造力和想象力的能力。随着计算能力的提高，我们完全有理由相信，机器的创造性思维能力也会提高。

其中一个例子就是 2016 年谷歌的子公司深度思维（DeepMind）的超级计算机阿尔法狗（AlphaGo），它在与世界围棋冠军李世石的第二场比赛中下出了著名的"第 37 步"。"第 37 步"震惊了围棋界，因为它是如此违反直觉，违背了千年来的正统观念。这步棋打破了许多公认的围棋规则，比如要靠近边缘下棋，在移动到其他位置之前控制棋盘的某个位置。只有在棋局的后半段，下了许多步棋之后，第 37 步才显得重要起来。事实上，这步棋帮助阿尔法狗在那场比赛中以 4：1 击败了李世石。

计算机不可能计算出之后的那么多步棋，计算量太大了，无法模拟。谈到这关键的一步棋，深度思维的创始人、前国际象棋天才戴密斯·哈萨比斯（Demis Hassabis）指出："在某种意义上，阿尔法狗知道这一步棋极为不同寻常，因为人类下出这一步棋的概率是万分之一，它却做到了。所以阿尔法狗不仅仅是在学习和模仿人类的行为，它实际上是在创新。"[38]

回顾这一系列比赛，哈萨比斯说："这次测试预示着人工智能在解决其他问题方面的潜力。阿尔法狗有能力放眼全球，找到人类被教导不应该考虑或不愿意考虑的解决方案。这对于使用类似阿尔法狗的技术，来寻找人类在其他领域不一定能发现的解决方案具有巨大潜力。"[39]

事实上，深度思维公司也一直致力于利用阿尔法狗的想象力和创造力来解决比赛之外的问题。例如，阿尔法狗发现了如何将谷歌数据中心的能耗降低 15%，从而节省了数亿美元[40]。

和其他许多似乎展现出创造力和想象力的计算机一样，阿尔法狗背后的秘密是使用了一种被称为神经网络的非结构化计算方法。神经网络不是新鲜事物，自 20 世纪 60 年代以来，就以这样或那样的形式出现了。其背后的理念是大致模拟生物系统的工作方式，尤其是由多个数据流通过一系列分层进行数学加权和迭代分析，从而模拟大脑。

通常情况下，神经网络的输出与输入有质的区别，输出往往显得富有创造力和想象力。不过，神经网络虽然模拟了人类大脑的过程，工作方式却并不完全相同。然而，这个过程没有输出那么重要。如果人类和机器都能提出富有创造力和想象力的想法，那么这些想法是如何产生真的重要吗？

发挥"外星人"思维的作用

斯道拉恩索的灵感阻塞

我们近距离观察到的一个想象力方面的挑战是关于斯道拉恩索的，

该公司在第二章中曾提到过。这家曾经在传统出版业处于领先地位的公司，在 2005 年前后遇到了瓶颈。

随着纸质出版向线上出版的转变以及对纸张需求的减少，从 2007 年开始，最高管理层花了四年时间艰难地进行了几轮成本削减，通过关闭工厂和裁员来稳定形势，这确实取得了一定的效果。但随后他们面临着转型的挑战，需要创新，需要开拓新的成长型市场。

2011 年初，这个全部由造纸行业的资深北欧男性组成的九人团队意识到，他们没有能力提出公司转型升级需要的那种属于异类的问题。当时的首席执行官康佑坤回忆起一次特别的会议："我坐在那里听的时候，感觉我们所有人都在一遍又一遍地讲着老生常谈的故事。"

康佑坤明白，他们需要在谈话中引入不同的观点。但是，他没有采取传统的方式——聘请顾问并采用对方的现成方案——而是找到我们，让我们帮助斯道拉恩索提出更好的问题，提高他们的想象力，并共同创造出一个解决方案。

畅想未来

最初的想法是建立一个"影子内阁"，利用斯道拉恩索的下一代领导人，帮助最高管理层实现他们现有的假设，设想新机遇的可能。然而，在与瑞士洛桑国际管理发展学院（IMD）进行了一系列讨论后，最高管理层同意采用一种更为激进的方法。为什么只关注那些常见的猜想呢？为什么不向所有员工开放这个机会呢？正如前人力资源主管拉尔斯·赫格斯特伦（Lars Häggström）所说："我们想要的是那些对突破极限充满热忱、对任何事情都有疑问的人。"[41]

考虑到这一点，他们在公司的内网上发布了一则公告，邀请公司所有人申请"开拓者"计划。该计划收到了250份申请，经过一系列的评估和面试，最终选出了16人。令人瞩目的是，人选既有新员工又有老员工，他们比通常情况下的团队具有更广泛的人口统计学特征、层级、经验和个性，其中一些被选中的人甚至没有进入公司人才系统的筛选范围。尽管这个小组成员水平参差不齐，但他们都真正渴望改变，而且比现任决策者更适合从侧面思考问题。

为了充实他们的思想、丰富他们的观点，他们被派往世界各地，从中国、印度到美国和拉丁美洲，为期6周。为了打开他们的思维，他们象征性地从公司离职，然后被重新雇用，从而挑战公司的思维方式和工作方式。瑞士洛桑国际管理发展学院还创建了一个定制项目，让他们接触新的概念框架，并在访问公司时进行深入的市场调研。

"开拓者"计划这个名字，是对火星探索任务的赞美，也给了这个小组一个明确的身份和任务，那就是探索新的前进方向——探索全球趋势和替代方案，而不被斯道拉恩索的悠久传统所拖累，从公司内外带回关于行业的见解，并在公司找到落实的机会。

康佑坤说："我想要一场革命。我不期待演示幻灯片能给出什么可行的建议。我想让他们带着可以实施的想法回来……开始一项新事业。"[42]

最终，开拓者们与最高管理层进行了深刻而影响深远的对话，并提出了许多被采纳的战略建议。他们的投入被证明是非常有价值的，因此该计划每年都会更新一次，并被重新命名为"探路者"计划。

其中被采纳的一项建议是关于新的成长型市场应该在哪里。尽管可持续发展已经是一个受到关注的领域，但探路者们将可持续发展和可再生材料作为战略的核心，宣称这一领域有显著的增长潜力。为了更快地发展这一领域，他们提出了几项建议，比如在执行委员会中任命一名可持续发展负责人，加快内部和合作伙伴对可再生材料的研发，这促使斯道拉恩索后来把"可再生材料公司"打造成自己的品牌。在之后的项目中，新参与者的任务是构建公司未来的方向，并提出继续拓展组织的边界、应对紧迫的业务挑战、开发新业务以及改组公司内部结构的想法。

突破性改变

八年后，开拓者/探路者计划对创新的影响是巨大的，使斯道拉恩索从传统的纸张和纸板制造商转变为全球性的可再生材料公司。公司的战略重点已转移到新的增值领域，如纤维包装、生物材料的创新和生物基化学品。同一时期，公司的股价翻了三倍，其中三分之二的销售额和四分之三的利润源于成长型业务。

该计划除了关注结果之外，还重塑了整个公司的文化。调查显示，员工比以往任何时候都更投入、更有创新精神。此外，自我选择机制使员工重新充满活力。该计划被视为信任员工的标志，是任何人都能产生影响力的机会。在那些担任"开拓者"或"探路者"的人中，超过70%的人在项目完成后的6个月内获得了晋升或调换了职位。

这是一项创新方面的遗产，现在已经渗入到公司未来的领导层中。

⬡ 要点总结

• 想象与所见有关。想象力是一种通过想象一些不存在的东西来产生原创想法的能力。

• 在阻碍原创思维的诸多障碍中，功能固着是最常见的障碍之一。这种偏见限制了你进行创造性思考的能力，也限制了你想象所熟悉物体或概念的其他用途的能力——就像邓克尔著名的蜡烛实验。

• "外星人"思维避免了偏见，通过摒弃常规操作、探索新的替代方案来激发想象力的飞跃。比如，菲利普斯摒弃了假肢行业的惯常做法，即一定要让假肢看起来像真人的腿和脚。相反，他将装置之间铰接起来，使假肢可以提供与人类四肢相同或更好的功能，就像跳水板、猎豹腿和弯刀一样。

• 我们把想象力看作一种普遍的品质、一种每个人在很小的时候就具备的特质。不幸的是，随着时间的推移，我们大多数人逐渐失去了想象力。想象力是由我们的教育体系社会化的。

• 为了纠正以往重视死记硬背、轻视创造力的习惯，你需要一些技巧来重拾并提升你的想象力，打破常规思维的束缚。"外星思考者"用孩子般开放的心态来解决问题，奥东就是如此。他们同样认识到玩乐在激活想象力方面的价值，因为玩乐意味着探索、不妄下结论。

• 最有效益的头脑风暴活动追求的是提出问题，特别是"为什么"和"要是……会怎么样"的问题。

• 你也可以通过增加知识储备和联想来激活你的想象力。

- 类比思维鼓励你的大脑建立不同类型的联系，促使你在两个截然不同的事物之间找出意想不到的相似之处。比如，三词地址的创始人谢尔德里克就画了一个棋盘状的网格，可以覆盖整个地球。

- 外行人通常会更容易像"外星思考者"那样推理、设计出新的解决方案。他们更擅长将不同的想法联系起来，因为他们的先入之见比内行人更少。谢尔德里克不是定位专家，奥东不是产科医生，菲利普斯也不是工程师。

- 组织可以通过将具备不同知识储备和观点的头脑集合起来，从而实现"美第奇效应"。

◉ 问问自己

1. 你愿意问一些没有直接答案的问题吗？

2. 你能用类比来描述你正在试图解决的情况或问题吗？

3. 你是否花了足够多的时间在其他领域或学科中寻找有趣的进展，从而为你的项目带来新的启发？

4. 如果你试图向孩子解释你在创新方面的探索，你会拿它和什么做比较？

5. 你是否曾经在某个领域作为门外汉想出了创造性的解决方案？如果答案是肯定的，那么，是什么想法帮你想出了这个解决方案呢？

◉ 数字化方面

1. 你能用数字工具促进创造性思维吗？

2. 你能使用数字工具，比如人工智能，来发现数据中隐藏的模式吗？

3. 你会关注与你平时所关注的领域相距甚远的内容吗，比如通过观看 TED 演讲、收听播客或有声读物的方式？

第五章
实验：智能化测试使学习更高效

对劳伦斯·肯鲍尔－库克（Laurence Kemball-Cook）来说，失业也许不是一件好事，但对清洁能源行业来说，他的失业是整个行业的幸运时刻。当他还是英国拉夫堡大学的学生时，肯鲍尔－库克在一家大型欧洲能源公司实习了一年，设计一款太阳能路灯。"我花了一年的时间设计它，但我失败了，"他说，"在城市里，有很多摩天大楼和遮阳设施，所以需要很多大型面板，这些面板不太容易安装在杆子上。一年后，我被解雇了，但我一直在思考大城市的能源问题，我一直在尝试寻找另一种能源。"一天早上，当他路过伦敦的维多利亚火车站时，他突然灵光一现："我想到了地铁有多繁忙，于是思考，'如果我们能利用人们行走产生的能量会怎么样呢？'"[1]

有关"强行闯入"的激进实验

2008 年回到大学完成他的最后一年学业后，肯鲍尔－库克开始绘制地砖的草稿，这种地砖可以利用人们走路产生的动能来发电。在把宿舍改造成工作室后，他用胶带和木头制作了自己的第一个 3D 模型，耗时约 16 个小时。

设计地砖相对来说耗时不长也并不麻烦，但说服投资者相信这项技术却不容易。"它在我的卧室里放了 3 年。政府说这行不通。大约有 150 家风投公司对我说'这是行不通的'。我的学校说'把公司 75% 的股份给我们，我们就帮助你'。我说不可能，于是我被困住了，我都打算放弃了。"[2]

但他没有。

相反，他进行了一项激进的实验。一天深夜，他带着一些地砖的初始模型到达一个建筑工地，强行闯入工地，把地砖铺好，连接到照明灯上，并拍下了他的"成果"照。第二天早上，他在自己的网站主页上发布了这些照片，标题是"能源的未来在这里！"。

那不是一个普通的建筑工地，那里未来将打造成欧洲最大的城市购物中心，位于 2012 年奥运会举办地伦敦奥林匹克公园附近，由西田集团（Westfield Group）斥资 16 亿英镑建造。大楼的所有者对这个举动并不满意，但实验带来了肯鲍尔－库克和他的公司帕维根（Pavegen）预期的结果。"（投资者）看到我们的产品是真实的，我也证明了它确实有用。"[3]

他开始收到一些电子邮件，发件人要么想购买或分销发电地砖，要么想投资帕维根。事实上，西田集团本身也认识到了地砖的价值，并签署了一份价值 20 万英镑的协议，以确保地砖一旦开始商用，这座新的购物中心将成为第一个大规模安装这款地砖的地方。

几乎在一夜之间，帕维根从一个没有成熟产品的现金流紧缺的无名公司，变成了一个人人争抢的投资风口，这带来了足够的资金资助

肯鲍尔 - 库克继续实验。

不久，他进行了第二次安装测试，这次是在他原来的学校。虽然他得到了学校的许可，但他没有得到安全标准检查员的授权。一条铺了发电地砖的走廊引来了一群人争相使用，成为一款人们真正愿意参与互动的产品。

此后，这家初创公司于 2012 年通过伦敦商业天使（London Business Angels）筹集到了 35 万英镑，并开始蓬勃发展。这个小型临时装置出现在许多大型活动中，比如在怀特岛举行的为期四天的音乐节，以及达沃斯世界经济论坛的会场，并且吸引了越来越多的媒体报道。到 2015 年，该公司的知名度是如此之高，以至于在一周内就吸引了 1 000 多名投资者，在英国众筹平台众筹魔方（Crowdcube）上筹集到了总计 200 万英镑的资金——超出了原来目标的 250%！

"我们证明了我们可以让节能变得有趣，"肯鲍尔 - 库克说，"在我看来，虽然你不能拥抱风力涡轮机或太阳能板，但是我们能让人们参与其中，让产生能量的行为像拥抱地板一样。我们让能量真正变得触手可及，这样人们就可以看到、触摸到、感觉到，成为他们生活的城市的一部分，做出真正的改变。"[4]

帕维根公司将产生能量的过程趣味化了。

不要墨守成规

肯鲍尔 - 库克本可以就此止步。事实上，他确实考虑过以后专注于大型活动和提升人们的能源意识。然而，最终他决定追求更宏伟的愿景，让他的发明进入世界清洁能源组合的行列。

帕维根地砖背后的基本技术并不新奇。多年来，动能回收系统一直被用于赛车、公共汽车和丰田普锐斯一类的家用车辆上。在这些情况下，刹车产生的动能转化为电能，为汽车的前灯、尾灯、火花塞等提供动力。使用帕维根地砖时，只要踩上该设备就会产生动能，使表面降低最多一厘米，肯鲍尔－库克将这种感觉比作在柔软的儿童专用地板上行走。这种向下的力驱动地砖内部的储能飞轮旋转，通过电磁感应将动能转化为电能[5]。这种地砖可以铺在人们可能会踩踏的任何地方——从城市人行道、火车站到机场航站楼、艺术博物馆和足球场。

尽管它们给人留下了深刻的印象，但早期的地砖迭代遇到了几个问题，包括产生的能量较低，以及人们并不总是踩在地砖下发电机所在的部分。为了解决这两个问题，肯鲍尔－库克想出了另一个激进的点子。他设计了三角形地砖，使每个角落都能有一个发电机，这样无论你踩在地砖的哪个角落，它都能更有效地捕获能量。

三角形地砖（称为V3）可以连续产生功率为5瓦的电力，比之前的设计效率提高了200倍。虽然从方形地砖换成三角形地砖看起来并不具突破性，但是想想你在生活中见过多少三角形地砖吧！有吗？三角形不是地砖常用的形状。

帕维根公司还进行了测试，以提高地砖的弹性。正如肯鲍尔－库克解释道的："在城市里推出一项新技术总是具有挑战性的。与应用程序不同，我们正在设计和制造一种复杂的实体产品，必须在任何条件下都能实现可靠运行。城市街道不断地经受着挑战，从极端的温度变化到各种施加的力量和其他因素的影响。将这种多功能的产品设计应

用到我们的系统中是一项巨大的挑战，在这一过程中需要对产品不断
迭代，直到产品设计达到今天的水平。"[6]

持续实验

为了更快地进行压力测试，帕维根公司决定将地砖安装在各种极
冷、极湿和极热的恶劣环境中——远至保加利亚、尼日利亚和巴西。
为了测试地砖的耐用性，该公司在巴黎马拉松终点线和伦敦奥林匹克
公园的地铁站安装了地砖。

公司最近的支柱理念是，地砖不仅可以将动能转化为电能，产生
光能，还可以产生数据。在地砖上添加传感器可以传递人们如何在城
市中移动的信息。"你可以用它来更有效地控制照明，"肯鲍尔－库克说，
"这也是零售商了解有多少人在光顾他们商店的关键途径。我们设想未
来谷歌会把地砖铺满整个街道，并以有趣的方式使用这些数据。"[7]数
据产生的收入也可以额外补贴公司正在进行的提高生产效率的实验。

然而，短期内这种突破性产品不太可能取代风能或太阳能。它产
生的电力不足以为大型家电供电，更不用说作为家庭和企业用电。然而，
它确实提供了一种补充性电源——可以在人流量大的地方，如旅游中
心和繁忙的商场提供所需的照明。更重要的是，它还开启了收集其他
动能的可能性。"我们公司目前在全球拥有 10 项专利，"肯鲍尔－库克
说，"我们可以用它从任何移动的东西中产生能量。想想用地板、建筑、
道路……"[8]

实验是什么？

实验是将一个有前景的想法变成可行的解决方案的过程，目的是满足真正的需求。创业公司的创始人们认为，创业公司失败的首要原因是它们提供的东西没有市场[9]。因此，为了确定一个想法是否可取和可行，你必须进行实验。同样重要的是，实验是探索你的选项和测试你的假设的必要工具。

当你将一个想法付诸行动时，你不能完全受直觉的驱使。你必须通过行动收集证据，证明你的想法不仅可以实现，而且应该实现。肯鲍尔–库克的实验目的是寻找从人们的步伐中获取最大能量的方法，并证明只要他能制造出产品，就会有市场需求。

他的实验也试图探索该产品的替代设计、潜在用途和新机遇。事实上，"外星思考者"进行实验时的一个特征，就是能够将两种看似矛盾的特质结合起来，即完全的专注（投入）和完全的灵活性。

相比之下，大多数持有传统思维的实验者只专注于验证假设。科学家、记者或企业家提出一个假设，然后通过实验来证明或推翻这个假设。重视验证根植于科学方法，这被认为是理想的实验。科学有效的实验方案是建立在提出假设、检验假设（用实验组和对照组）、分析结果和得出有效结论的基础上的。虽然这些流程可以帮助你在寻找有效证据时远离直觉，但过分关注验证假设会扼杀思想的灵活性和开放性。

在创新领域，精益创业方法用"测试和学习"的准则概括了由假设驱动的实验，边做边验证每个假设[10]。

在组织中，把精力放在实验和收集数据上，有助于对抗由"HiPPO"（收入最高的人的意见）决定采纳哪种理念以及选择开发哪种产品的倾向，让你以一种更深思熟虑、更系统的方式去发现到底是什么在起作用——或者，更准确地说，是什么事物或因素在什么时候起作用[11]。

有许多方法来测试你的概念，或多或少都有现实的原型，其中许多都依赖于某种形式的欺骗——与阿尔贝托·索维亚（Alberto Savoia）最初提出的建议一致："所谓演久成真。"[12]

总部位于比利时的咨询公司创新委员会（Board of Innovation）列出了20多个可以验证你的想法的实验[13]。其中最著名的是绿野仙踪（Wizard of Oz）测试，该测试手动模拟了一个自动化系统的响应过程，这种测试形式被用于早期语音识别软件的开发。由于最初的识别算法速度慢且不可靠，设计师设计了一种可用性测试，参与者对着麦克风说话，而一名专业打字员在另一个房间通过耳机听，在电脑上记录他们说的话。这让设计者可以观察用户在电脑屏幕上的反应，同时继续排除系统的故障[14]。其他实验包括冒烟测试（用电子邮件或登录页来测试你对价值导向的需求）、解说视频（演示一项服务如何工作）和应用程序模型。这些实验都不需要原型。

不管采用什么方法，实验的目的总是验证一个假设并从中吸取经验，所以你可以决定是坚持下去、转换方向还是放弃。不幸的是，传统上强调验证的做法往往将调查排除在外，因为验证的目的是消除不确定性，而不是找到可能性。因此，持有传统思维的创新者很容易错过意想不到的见解。他们大多通过测试来证实自己的假设和猜想，而不是通过测试来学习。

陷阱和错误的实验

当你的目标是验证一个假设时，你会无意识地陷入一个逻辑中，即相信你已经认为是正确的，而不是寻求客观的答案。你会寻找支持现有假设的方法，而不是探索未知的路径。你会变得容易产生确认偏误——对数据进行选择性关注，并曲解数据。你看到的是你期望看到的，你对意料之外的数据视而不见，而不是继续寻找意想不到的发现。

因此，你很容易困于最初的设想。一项关于公司初创阶段早期决策的"印记效应"①的研究表明，早期决策（包括早期所雇用人员的类型）显然对后续操作有影响。这些决策设定了公司运行的轨迹，决定了随后的行动，并且难以更改[15]。坚持最初的假设可能会导致你接收不到任何不符合预期的反馈。

这样的方法可能会使肯鲍尔-库克满足于经营一家"有趣的公司"（这可能符合产品市场）。如果走这条路，帕维根公司可能会专注于举办大型临时性活动，并与学校和博物馆合作提高人们的能效意识，而不是追求可靠的清洁技术解决方案。

这些地砖将依然只是新奇的产品。

平衡车的陷阱

当创新者未能克服最初假设的影响时，后果可能很严重。赛格威（Segwag）平衡车就是一个典型例子。

---

① "印记效应"（imprinting effects）指人类对最初接收的信息和最初接触的人都留有深刻的印象。——译者注

狄恩·卡门（Dean Kamen）发明了赛格威这款由电力驱动、具有自我平衡能力的个人交通工具，曾预言平衡车"之于汽车就像汽车之于马车"[16]。他相信赛格威会遍布世界各地：从主题公园、战场到工厂车间，从美国西雅图到中国上海。他说："汽车非常适合长途旅行……但对于城市里的人来说，根本没必要用 4 000 磅重的汽车载着他们 150 磅的体重在城里来来去去。"[17] 卡门的设想是，让城市中心不再充斥着庞大的汽车，腾出空间给数百万使用赛格威电动平衡车的人。

2001 年，《时代周刊》（*Time*）将赛格威描述为"一种可能是最受期待和最疯狂的机器……自苹果麦金塔电脑以来就大肆宣传的高科技产品"[18]。史蒂夫·乔布斯实际上说过它可能比个人电脑还要重要。

赛格威的自我平衡系统确实是一个技术奇迹，而卡门因为有几项突破性发明，很轻易就拉到了投资。

不幸的是，整个项目过于严格保密，赛格威经历的 3 ～ 4 次迭代只是基于内部反馈，而不是用户反馈。由于担心有人会窃取他的创意，卡门没有找到足够多的关键用户[19]。包括乔布斯和贝索斯在内的少数试用过完整原型机的人，都被它的新奇所吸引，渴望对它进行投资。

虽然乔布斯和贝索斯对这款车印象深刻，但两人都提出了反对意见。乔布斯批评它的设计（外形和手感）过于传统，贝索斯也预见到了监管部门对在人行道上使用它的担忧。但是，当他们提出这些观点的时候，赛格威很快就要面世，无法进行大的改变。这些科技巨头都没有对其实用性提出尖锐的问题。撇开让人惊叹的因素不提，赛格威与传统汽车相比几乎没有什么优势。

与自行车相比，赛格威平衡车更擅长爬坡，但速度更慢、更重，行驶距离也更短。此外，平衡车不能载货、不能在公路上骑，价格更高，更难维修，也不能让用户锻炼身体。它比摩托车更绿色环保，但速度要慢得多，既不能载货也不能载客。

令人惊讶的是，唯一一个对其功能提出严肃质疑的人是首席投资者的年轻助手艾琳·李（Aileen Lee）。在一次会议上，她对赛格威的"价值主张"提出疑问，还问了它相对于其他竞争产品的最大竞争优势是什么。据报道，市场部主管认为她的问题是"为了显得她很懂行的恶意诋毁"[20]。就连乔布斯的评论也没有传达给设计师，因为"他没有说什么特别有用的话，他甚至连投资者也不是"[21]。

卡门预测赛格威将在其推出的十年内成为主要的交通方式，并迫使城市重新进行规划。如今，将近二十年过去了，赛格威仍然是一种小众产品，主要使用人群是巡逻警察、大城市旅行团游客和商场保安。赛格威的技术激发了发明一种电动轮椅的灵感，这种轮椅无须手推，而是通过向你想去的方向倾斜来操纵，尽管如此，这种轮椅也很难成为卡门所期望的大众产品[22]。

赛格威的案例说明了长时间没有来自用户的关键反馈会有怎样的缺点（内部产品迭代只能带你走这么远），以及随着投入的增长改变路线越来越困难。此外，卡门的个性和作为创新者的成绩意味着他的意见在内部讨论中占据了过多的分量（也就是前面提到的"HiPPO"）。此外，因为融资不成问题，卡门不需要应对任何获得额外资金的阻力。他沉浸在相信自己发明了一款伟大产品的幻想中，直到为时已晚——市场的残酷现实粉碎了这个伟大的幻想。

尽管卡门在很多方面称得上一个"外星思考者"，但他忽略了需要反反复复确定潜在用户真正想要什么的过程。由于缺乏足够多的外部测试，他没有收集到足够的信息来重新设计这款车，以满足消费者的需求。这个例子说明，过于关注发明会错失真正实现突破性创新的机会。卡门对自己的想法充满了热情，以至于他没有质疑自己的假设，也没有机会去吸收其他观点或寻找别的解决方案。

　　进行测试本身并不意味着你会严格执行操作。一旦开始对你所珍视的想法进行测试，你面临的主要风险是，已经成形的确认偏误和沉没成本效应 ① 会削弱你接纳修正性意见的能力。你可能倾向于设计一些实验来证实你的假设，而不是反驳它。你可能会在不可靠的实验对象上进行虚假实验，他们是你的家人、朋友或志同道合之士而非真正的用户。你投入得越多，就越难放弃这个项目或重新调整思维。

　　在乔布斯对赛格威设计给出了严肃的评价之后，卡门的回应是"那只是乔布斯的观点"。卡门没有把乔布斯的负面评价听进去，而是只听取了他的正面评价——例如，他称之为"令人惊叹"的技术 [23]。

　　在谈到实验是为了验证还是为了研究这个话题时，皮卡德做了一个类比。他注意到黄蜂和蜜蜂经常钻入他的房子，但蜜蜂却逃不出去。在寻找出口的过程中，蜜蜂会不断地撞击同一扇窗玻璃的不同部分，黄蜂则会在几扇窗之间移动 [24]。

　　当你通过实验来验证时，你是在像蜜蜂一样思考。你会自以为自己在测试、迭代、反复迭代，但每项测试都局限在相同的框架内。你应该像黄蜂一样进行实验，坚持不懈，但要在不同的框架下进行实验。

---

　　① "沉没成本效应"指的是因为人们不舍得前期付出的时间、金钱、努力，导致在决策的时候经常做出错误的选择。——译者注

其中一个框架可能就会提供一个意想不到的突破口。

一种更开放的实验

"外星思考者"的行事风格与众不同。他们既用实验来验证，又用实验来调查。调查是一种更开放的实验形式，目的是揭示被忽视的因素或偏好，为意料之外的意见预留了空间。

尝试的目的不是让你困顿于一个循环中，而是为你提供一个向不同方向发展的机会。"外星思考者"以开放的心态做好了转变方向的准备。他们在更小的范围内、更恶劣的环境中更早地测试他们的产品（如帕维根公司团队）。他们鼓励批评，并接受批评。"外星思考者"即使是在验证猜想，也会为新的发现保留空间。他们进行测试的目的是改进自己的想法，而不仅仅是证明猜想。

为了维持你发现机会和抓住机会的调查能力，即使是为了验证假设，你也必须迎接惊喜和接受惊喜。

迎接惊喜

"外星思考者"从外部世界找寻方法，以更快的速度和更意想不到的方式找到更丰富的数据。建筑大师弗兰克·盖里（Frank Gehry）就是一位具备"外星人"思维的创新人士，他横扫无数奖项的前沿设计正是经由非同寻常的实验方法得来的。

盖里的名声源于他的建筑一眼就能识别出的建筑美学。他的建筑审美在动画片《辛普森一家》（The Simpsons）中给人留下了不可磨灭的印象，在其中一集里，麦琪写信请盖里为她的家乡斯普林菲尔德建造一座歌剧院[25]。盖里把信揉成了团，扔在了地上。但在展开那封皱巴巴的信后，他突然有了灵感，想为斯普林菲尔德建一个与之有类似外观的音乐厅。

盖里的建筑始于一张独特的草图。正如西德尼·波拉克（Sydney Pollack）的经典纪录片《建筑大师盖里速写》（*Sketches of Frank Gehry*）描述的那样，盖里的风格流动而凌乱。他的草图初稿不受建筑设计规范的限制，笔触松散，充满了曲线，具有印象主义的风格，并不精准——与传统建筑效果图的干净线条相去甚远。盖里的草图不注重实用性，甚至不符合重力规则，但这种任性的特质使他的设计不会公式化和重复。虽然草图只勾勒了大致的脉络，但是回想起来，你可以看到草图体现了最终设计里的动力学原理，目的是传达一种让委托人兴奋或不安的感觉。

从草图到建筑完工是一个漫长的过程，尽管盖里能很快地将草图转换成三维模型，但在模型和图纸之间会进行漫长的来回返工。换句话说，实验过程在很长一段时间内保持"液态"。其中一个原因是盖里抵制住了选择"正确"模型的诱惑，相反，他更喜欢创建各种各样的研究模型——他称之为"怪物史莱克"（意第绪语，意为"恐惧"）。

盖里想通过这些"怪物史莱克"模型让委托人感到紧张。他的目的是激起强烈的反应，无论是积极的还是消极的，这样他就能更好地理解委托人的想法，并根据对方的反馈做出改进和创建新的模型。这一连串的模型并不是建立在之前的模型上，相反，它们代表了不同的方案。这个过程使盖里能够继续从委托人的不适中探索和学习。就这样，他的想法随着时间的推移逐渐酝酿成熟[26]。

　　盖里虽然喜欢设计不规则的造型，但也非常注重建筑的功能。2003 年，当华特·迪士尼音乐厅向公众开放时，音乐厅的音响效果广受好评。洛杉矶爱乐乐团的音乐总监埃萨－佩卡·萨洛宁（Esa-Pekka Salonen）曾与盖里在设计上密切合作，他说："盖里从一开始就非常清楚。他说：'这是管弦乐队的大厅，这个建筑是为音乐设计的。这必须是第一要务，其他的都是次要的。'我心想这不愧是一位建筑师的发言。"[27]

　　由于盖里的设计不走寻常路，他有时被误解为是把设计强加给别人的人，不留商量的余地。"他绝对不是这样的人，"《名利场》（Vantity Fair）的建筑评论家保罗·戈德伯格（Paul Goldberger）说，"他对每个项目都进行了多次迭代，绝不仅仅是他自己的想法。而且他非常渴望从委托人那里得到反馈，并与他们交流。"[28]

提出多个模型

　　盖里提出了多种设计。作为实验者，这样做有两方面的好处。

　　首先，多种设计可以防止他对任何一个想法过于执着。如果你对设计原型投入过多，你就不容易对学习和调整方向保持开放的态度。你追求一个理念的时间越长，你就越觉得自己的声誉与之紧密相连。正如盖里的同事吉姆·格林夫（Jim Glymph）所说："如果你太过纠结于一个想法，你会爱上它……如果你过快地完善它，你就会对它产生依恋，然后就很难继续探索、继续寻找更好的。因此，早期模型设计粗糙其实是故意的……让你不至于与这个想法结合得太紧密，以至于无法继续前进。"[29]

　　其次，多种设计加快了探索的速度，使你在碰壁之前更早地转变方向。精益创业方法是非常注重顺序的。你从一个方向出发，经过"建立—测量—学习"的迭代循环，当一个假设被明确反驳后，你才会转变方向，然后逐步找到产品与市场的匹配点。相比之下，"外星思考者"是平行前进的。他们创造了多个概念，并参考浏览量、注册量或预售量等，选择看上去最能吸引未来用户的方案。

其主要目的是获得反馈和第一印象——提案是否引起了专家或实际付费用户的共鸣。在数字领域进行平行市场测试容易得多，可以通过登录页面来真实地模拟虚拟的产品或服务，这种方式既速度快，又成本低。这样做既不会失去机会，又不会因疏忽而错过机会。

当然，任何人都可以提出多种模型。但是，你如何像盖里这样的"外星思考者"一样触发有价值的反应呢？

激起极端反应

盖里不只是提供了几幅草图或几个模型，他的极端观点激起了强烈的情绪反应。为什么呢？因为"外星思考者"认为负面反馈和正面反馈一样重要，这就是盖里使用"怪物史莱克"模型的原因：通过测试人们的边界，让他们不自在，这样他们就会做出反应。

作为负责监督凯斯西储大学彼得·刘易斯树屋（Peter B. Lewis Building）建设的委员会的成员之一，一位教授回忆了与盖里合作的经历："他向大学团队展示一个模型的时候，经常会说'这不是我们正在做的'。我们很难理解他的意思，直到我们遵循设计经历了几十次的迭代之后，才终于明白。"[30]

早期模型的粗略草图只是一种获得反馈、探索可能性、探讨与建筑项目有关的问题的手段。他流畅的草图尽管缺乏细节，但是抓住了理想中的成品的精髓。而且，由于他的替代模型并不是建立在彼此基础上、按顺序设计的，盖里能够不断给委托人带来惊喜，并保持他们的不适感，以鼓励他们在整个设计过程中持续进行反馈。盖里并不想知道建筑一开始会是什么样子。他愿意与委托人进行开诚布公的热烈讨论，从而一起找到答案。

盖里的方法强调了生成原型、获得诚实反馈的重要性。再举个例子，帕维根公司通过在肯鲍尔－库克的母校试用发电地砖，拍摄学生如何与地砖互动，以及地砖如何经受住学生的嬉戏，从而获得了对其早期想法的高质量反馈。当孩子们为之疯狂时，肯鲍尔－库克意识到他无意中发现了使能源产生的过程趣味化的方法。

你还可以像帕维根公司在尼日利亚和巴西所做的那样，在极端环境中测试你的概念，以加快反馈并更快地迭代。

除了反馈可能缓慢而乏味的问题以外，还有一个困难是如何消化这些反馈。即使你提出了正确的问题并得到了有价值的答案，你也可能无法将其正确地融入你的思维中。

接受惊喜

"外星思考者"会提出正确的问题并留意答案，根据反馈采取行动。

获取丰富的数据是一回事。一旦获得了这些数据，如何理解它们呢？你准备好应对负面影响了吗？即使你通过平行测试或激发极端反应获得了强有力的反馈，但如果你对结果不能接受，你也可能失败。

我们从赛格威的案例中知道，对自己想法的热情会妨碍你听取建设性的、善意的反馈。那么，创业者如何才能保持客观？毕竟，创业所需的激情往往源于对自己的愿景或创作的热爱。你不仅要听取反馈，还必须接受和利用它。

看看 Wysa 的例子。Wysa 是拉玛康·詹温帕蒂（Ramakant Vempati）和乔·阿加沃尔（Jo Aggarwal）这对夫妻档的结晶。詹温帕蒂曾是高盛（Goldman Sachs）的银行家，阿加沃尔是培生学习（Pearson Learning）的国际董事总经理，他们远离年迈的父母和其他家人，想找到一种方便有效的方式来照顾家人。

他们利用在产品创新、商业分析和电子学习方面的共同知识，想出了凭借技术促进远程护理的点子。他们认为可以使用无源传感的方式来追踪有助于诊断抑郁症的相关迹象。

起初，他们考虑做一款可穿戴设备，但很快意识到，他们可以收集到必要的信息，而不需要一款新的设备。一款智能手机应用程序可以捕获数据（在用户允许的情况下），包括通话模式和睡眠模式的变化，以及某人走动的频率等。事实证明，一旦这些数据汇集起来，将会是一个非常可靠的监测抑郁倾向的指标。事实上，它帮助识别抑郁症患者的准确率达到了 85% ～ 90%。

只有一个问题。"当我们进行实验时，我们发现人们没有做好去看治疗师的准备。"阿加沃尔说[31]。人们不一定希望他们的亲人或医生知道他们是否患有抑郁症或焦虑症。

创始者们现在意识到他们设计的是一种火灾警报。然而，缺少的却是一辆消防车——一种一旦警报响起就能做出反应的方式。所以，他们调转了方向，开始测试聊天机器人，将人工智能和无源传感相结合，从而实时帮助人们。Wysa 就是这样诞生的。

Wysa 是一名虚拟治疗师，以一只胖乎乎的企鹅为化身，任务是帮助人们建立心理适应力，应对日常压力。Wysa 的开发得到了一位审查所有内容的治疗师的帮助，最初的测试受众约为 50 人，包括 Wysa 团队和治疗师团队的心理学家。

在 2017 年一经推出，Wysa 立即成为热门产品。"这款产品一开始只是一个小实验，但现在已经风靡全球，"詹温帕蒂说，"我们没有营销它，没有做社交媒体宣传，没有谷歌广告、脸书营销……什么都没有。人们寻找它是因为人们期望拥有这样的东西。"[32]

阿加沃尔说："很多人不愿意跟另一个人倾诉，因为他们害怕依赖、害怕被评判、害怕变软弱，但他们愿意跟一个机器人倾诉。如果机器人看上去富有同情心，就像设计的 Wysa 一样，效果就大不一样了。"[33]

今天，Wysa 不仅帮助了那些拒绝去看治疗师的人，也帮助了那些没有机会去看治疗师的人。以印度为例，印度有 13 亿人口却只有 5 000 名心理健康专业人员。Wysa 的创始人还指出，心理健康和身体健康之间有着巨大的关联。抑郁症可能是导致患者不坚持药物治疗的头号因素。

产品也在不断改进。

"最初，有 4% ~ 5% 的 Wysa 用户会说'你不懂我''你没理解我'，现在与 Wysa 的对话只有 0.4% 会这样戛然而止，"阿加沃尔说，"去年我们所做的就是想办法降低这个比例。用户告诉我们它什么时候起作用，什么时候出问题。我们找出问题所在，持续解决问题，给他们提供替代方案。"[34]

在前进的道路中，Wysa 的创始人发现，同理心不仅仅是一种特质，也是可以拆解的东西。他们了解到，Wysa 提供的最具同理心的回答不是陈述，而是问题。通过询问一个人的感受，承认他们的感受而不试图改变他们，然后问其他开放式问题，机器人可以鼓励人们表达自己的感受，帮助他们不再感觉那么孤独。

尽管詹温帕蒂和阿加沃尔并不吹捧 Wysa 是治疗师的替代品或抑郁症的治疗方法，只称 Wysa 是"你凌晨 4 点找不到人说话时的朋友"，但有迹象表明，它有助于在 2 ～ 4 周内将抑郁症程度降低 30%。Wysa 完全依靠口碑增长，据称在 30 个国家有超过 100 万用户，用户评级超过 4.8 分（满分 5 分），因此看上去似乎效果不错。

最终，两位创始人希望将 Wysa 纳入日常健康养生方案。阿加沃尔说："如果我们能像往常一样将心理支持和抑郁关怀纳入身体健康状况的改善中，我们就能真正改善身体健康，帮助很多认为自己不需要心理健康支持的人，特别是在像印度这样的国家，人们不承认他们需要帮助。"[35]

经过几次转折，原本一款针对家庭护理的可穿戴设备，后来变成了一款智能手机应用程序，可能有一天会成为全民医疗的一部分。

Wysa 的故事说明了接受反馈的两个关键方面。无论你是独自工作还是在团队中工作，你都需要考虑如何解读收到的数据，以及如何避免偏见。有两种方法可以应对这些挑战：一是让数据说话，二是寻找想法与你不同的人。

让数据说话

夫妻俩发现，无源传感器的正确组合会产生强烈的警告信号，显示有人正陷入抑郁。他们本可以止步于此——他们已经发明了一种突破性系统来识别有危险的人并通知他们的亲属。但一项实验暴露了该解决方案的弱点：应用程序标记了 30 名参与者可能患有临床抑郁症，指导医生建议他们寻求治疗，但只有一个人遵循了医生的建议。两人本可以把这一发现视作别人的问题，但他们没有。相反，他们意识到自己发明的是没有提供消防车的火灾报警器，于是他们转向发明聊天机器人。

可惜，并不是每个企业家、创新者和艺术家都像 Wysa 团队那样乐于接受反馈。

埃德·卡特穆尔（Ed Catmull）作为皮克斯（Pixar）的联合创始人（后来是华特·迪士尼和皮克斯动画工作室的总裁），艰难地明白了这一点。在皮克斯，卡特穆尔负责监督和管理一群电影导演，这些导演试图把自己的创意项目搬上银幕。在这段时间里，他注意到人们对建设性意见和善意反馈一贯的抵制。在一个项目进行过程中的某个时刻，导演的激情会让他们看不到电影中不可避免的问题。[36]

卡特穆尔在他的著作《创新公司》（Creativity, Inc.）中回忆了董事们在收到资深同事反馈时的反应。当风险难料，而人们似乎不理解某位导演的愿景时，他说："这位导演会觉得，他们所做出的一切努力都处在危险之中，受到了攻击。他们的大脑会超速运转，阅读所有的潜台词，并击退他们感知到的对现有成果的威胁。"[37]

尽管这些反馈可能会指出哪里出了问题、有所欠缺、不清楚或者不合逻辑，但坦诚的、尖锐的、共情的反馈只有"在接收方愿意接收，并且在必要时愿意放弃那些不起作用的事物的情况下才有价值"[38]。卡特穆尔强调，最好的反馈"不能帮助那些拒绝听取批评的人，或者那些没有能力消化反馈、重新调整并从头开始的人"[39]。

相较之下，盖里成功的一个关键在于他承认失败的能力——（部分或完全）否认自己最初的尝试，并根据他刚刚学到的东西重新树立信心，相信下一稿会更好。为了把项目做好，他和一位富有的客户彼得·刘易斯一起工作了 12 年，这位客户非常乐意和他一起冒险并承担开支。这是同时保持绝对的专注和灵活性的一个绝好的例子。

卡特穆尔建议那些提供反馈的人要清楚，在显微镜下被观察的是项目，而不是创造者。这是一条关键原则："你的想法并不是你自己的，如果你太过认同自己的想法，那么当它们受到挑战时你就会感觉被冒犯。"[40]

这不仅仅是为了收集反馈意见，也是为了诚实地处理反馈意见，不要让你的自负、偏见或对想法的依恋妨碍了你。你需要有足够的韧性去接受批评，从中学习，然后继续前进。

让数据说话意味着不带偏见地解释它。一项补充性策略是引入另一种偏见，来挑战你的思维。

寻找想法与你不同的人

接受批评性反馈的另一个关键是与其他人讨论，那些人可能从数据中看到其他可能性而且不怕质疑你。换句话说，寻找那些想法不同的人，包括那些观点往往与你相反的人。

在 Wysa 的案例中，两位创始人互补的视角、技能和专业经验使他们更容易设想进一步的机会，并在他们找到第一款适合市场的产品后转变方向，而不是停止前进。在帕维根公司的案例中，肯鲍尔‒库克让他的父亲担任董事长。他的父亲不是工程师，以前是管理会计师，没有创业经验，但在大企业有很长的职业生涯。这样的关系能帮助你克服对自己想法产生依恋的倾向。

如果你没有共同创始人或值得信任的伙伴能够对测试结果提供不同的解释，那么就找一些能够胜任这个角色的人。你咨询的人可能是目前团队的成员或外部人士——任何可以帮助你拓展视野的人。

将观点不一致的人聚集到一起，这种理念在设想阶段就很常见（见第四章中的"美第奇效应"一节）。然而，在实验过程中展开发散思维的能力也与此相关。你和故意唱反调的人（思维相反的人）一起行动可能无法捕捉到现实的全貌，但至少可以收集到更多的"像素"，这点也证明是非常有用的。

在皮克斯，为了消除导演对反馈的抵触情绪，卡特穆尔创建了一个名为"智囊团"的小组，这是一个由导演、编剧和作者这样的核心成员组成的专家组。他们提供坦诚的反馈，以帮助导演在必要时进行调整。除了反馈的质量外，"智囊团"起作用的关键是其中两个基本规则：（1）没有等级制度；（2）没有实施反馈的义务。由于这些规则，导演们不会带有戒心地参加讨论，也不容易出现情绪化的反应。因此，他们更有可能听取、消化和执行反馈意见[41]。

你不必非得在皮克斯工作才能创建智囊团。作为创新者，你可以让身边围绕着一群能够质疑你的理解的人。卡特穆尔认为这是消除确认偏误的最佳方法："找出那些愿意跟你说真心话的人，当你找到他们时，紧紧拥抱他们。"[42]

"外星思考者"运用实验的方式与当今大多数企业不同。他们进行实验是为了通过调查拓展他们的认识，而不仅仅是通过验证来加深他们的认识。而数字技术进一步推动了这一逻辑。

数字化实验：谁需要假设？

"外星思考者"更关心的是如何做出更正确的决策，而不是进行完美的实验。为此，他们使用数字工具来加速实验，并实现三个目前看来自相矛盾的目标：不会出错的实验、足不出户就能获得的反馈和没有假设的测试。

不会出错的实验

当然，错误总是存在的，但当实验由数字技术驱动时，错误的代价就时间、金钱或物质损失而言大大降低了。通过计算机模拟，你可以避免因为与真实世界互动而危及品牌。通过与模拟世界互动，你可以保护你的公司及公司产品和服务免受不必要的风险，同时收集到有价值的见解。

例如，为了测试"阳光动力号"，皮卡德（见第三章）创建了飞机的"数字双胞胎"，使用 3D 软件设计和测试单个零件与复合组件。这使他的团队无须使用缓慢而成本高昂的物理原型，就能模拟飞机在各种条件下的性能，从而减少了大量无疾而终的实验。

自"阿波罗 13 号"以来，美国宇航局（NASA）一直在使用一种数字双胞胎，其也被称为"镜像系统"，可以让地面工程师对航天器的任何问题进行修复，然后将解决方案发送给太空中的宇航员。如今的区别在于镜像系统是完全数字化的。美国宇航局现在为其所有系统、车辆和飞机都配备了数字双胞胎。事实上，物理设备上的传感器所收集到的信息被实时地输入到数字双胞胎中，这样系统就可以在设备实际建造后对其进行评估。

使用数字双胞胎进行建模的原理并不新鲜，但计算技术的进步意味着能够以极低的成本和极快的速度完成研发，而没有以往方法所带来的风险。

"数字双胞胎的终极设想是在虚拟环境中创建、测试和建造我们的设备，"美国宇航局国家先进制造中心负责人约翰·维克斯（John Vickers）说，"只有当设备的性能达到我们的要求时，我们才进行实际的生产。然后，我们希望物理实体通过传感器与它的数字双胞胎联系起来。这样，数字双胞胎就包含了检查物理实体所能获得的所有信息。"[43]

美国宇航局甚至创建了与整个兰利研究中心（Langley Research Center）相似的中心作为其数字双胞胎，这是一个占地 764 英亩的园区，阿波罗登月舱就是在这里设计的。这个数字双胞胎被用来优化设施（包括机场和 40 个风洞）的运作，以及确保 3 000 名工作人员的安全[44]。

足不出户就能获得的反馈

精益创业方法强调"走出大楼"，以获得关于概念、见解或价值主张的反馈。今天，同样的信息可以通过远程可用性测试和现场制作模型获得。

例如，Optimizely、Unbound、IDEO 和 Usabilla 等公司生产的软件允许对网站进行自动化的 A/B 测试[45]。它们的软件会对网站做一个小的调整，比如改变图像的大小或在页面周围移动文本，然后对照原始网站（A 版本）测试改变后的网站（B 版本）的性能。当进行大规模测试时，该过程可以使站点加载更快，获得更多的流量和更高的黏性。这种模拟自然选择的过程可以在没有任何人为直接干预的情况下完成。

追踪 2019 新型冠状病毒的应用程序提供了一个有趣的例子，在实际收集数据可能会不安全或不道德的情况下，可以通过数字方式收集大量数据。截至撰写本书时，世界各国政府正在试用接触者追踪和通信工具，以识别和通知可能已经感染病毒的人。

没有假设的测试

在没有假设的情况下进行测试的想法，挑战了科学方法的基本原则之一。但是，请记住，假设不过是通常基于一种理论的有根据的猜测。鉴于如今的计算能力，我们不再需要进行猜测。相反，我们可以不断地对一切事物进行测试。

在网络世界中，你甚至不需要进行模拟。不停实施 A/B 测试可以使人们进行不间断的调查实验。

在 A/B 测试中，甚至不需要为测试提供理由。没有人需要假设"如果我们把文本放大，更多的人会点击链接"。你可以简单地测试不同格式的链接，以了解哪种格式可以实现最好的结果。测试不是为了证明某个想法，而是为了改进想法。事实上，A/B 测试将大部分负担从实验者身上转移到了用户身上。决定哪种设计最好的是消费者，而不是设计师。

"外星人"实验者不需要设定一个假设，只需要想出一个实验，然后测试结果。他们也不需要理论，只需要对不同结果持开放态度，以及衡量这些结果和从中学习的能力。简而言之，实验过程从"准备、瞄准、开火"变成了"开火、准备、瞄准"。

科学方法的时代来了又去。当收集实验证据成为瓶颈时，科学方法是至关重要的，因为收集实验证据的过程成本高昂、耗时而又不精准。现在情况已经不同了，收集证据的过程变得成本低廉、快速且精准，所以假设就不那么重要了。

电子艺界（Electronic Arts）旗下最受欢迎的电子游戏之一《模拟城市 5》（*SimCity 5*）的发布就是一个证明。这款游戏在 2013 年发行后的两周内便卖出了 100 多万份，但刚开始时看上去与目标相距甚远。电子艺界在其网站上发布了一项促销活动，以促进游戏预售。促销以广告横幅的形式出现在预售页面的上方，但结果不如人意，所以工作人员决定尝试一些不同的方法。

测试结果令人惊讶。当预售页面完全没有显示促销活动时，销售额反而增长了 43.4%。事实证明，人们只是想买这款游戏，他们不需要额外的激励措施。大多数员工认为促销会增加销量，但结果证明这是完全错误的[46]。

另一个例子来自谷歌的人工智能公司深度思维。深度思维与伦敦帝国理工学院的英国帝国理工癌症研究院（Cancer Research UK Imperial Centre）合作，提高对乳腺癌的检测能力。当前使用的乳房 X 光扫描每年会漏诊数千例癌症并导致虚假警报，因此研究人员使用来自 7 500 多名患者的历史数据，来测试机器学习是否能比医生更准确地从乳房 X 光扫描中检测出更多癌症病例。深度思维采用了一种"野蛮的"分析方法，这意味着它会测试每一种可能的结果，而不是做出有根据的猜测，后者是传统假设测试的基础。人们希望，如果机器学习比医生表现更好，它可以将错误降到最低，从而改善乳腺癌的治疗[47]。

道德考虑因素

无论是好是坏，数字工具还使得欺骗人们变得更容易。提出并测试一款尚未存在并可能永远不会存在的产品，将越来越普遍。比如说，帕维根的肯鲍尔－库克进行的测试严格来说是非法的，他在未经许可的情况下进入建筑工地安装地砖，然后把它说成一个本来就有的装置。尽管"增长黑客"①和"游击营销"②等术语给这种做法披上了合法的外衣，但这种欺骗行为可能会产生严重的后果。

如今一个著名的例子是西拉诺斯（Theranos）公司，该公司提出只需采集最少的血液样本，就能进行一系列医学诊断测试，从而带来革命性创新。西拉诺斯声称已开发出一种名为"爱迪生"（Edison）的血液分析设备专利，但实际上采集到的样本是在一系列从其他公司（包括西门子在内）购买的标准设备上进行血液测试的[48]。人们对这款设备兴趣如此浓烈，以至于2012年西拉诺斯的创始人伊丽莎白·霍尔姆斯（Elizabeth Holmes）获得了美国连锁食品和药品零售超市沃尔

---

① "增长黑客"指的是创业型团队在数据分析的基础上，利用产品或技术来获取自发增长的运营手段。——译者注

② "游击营销"教导中小企业如何用微薄的营销预算"以小博大"，吸引消费者目光。传统营销主要以电视、报纸、大型户外广告等大媒体来建立品牌知名度，游击营销则重视品牌与消费者之间的互动，创造独特的传播模式。——译者注

格林（Walgreens）和西夫韦（Safeway）的巨额投资，使这项技术对消费者而言触手可及。然而，"爱迪生"接连产生不准确的检测结果。到2016年造假行为被完全曝光时，西拉诺斯已经在沃尔格林门店开设了40家"健康中心"。对西拉诺斯和霍尔姆斯来说，不幸的是，模拟测试在实验阶段尚能被接受，而一旦企业将产品上市，就会被认为是欺诈。

在这种创业欺诈行为中，西拉诺斯最为臭名昭著，但还有其他公司。例如，初创公司"魔幻飞跃"（Magic Leap）在2016年通过"展示"其增强现实（AR）头盔的视频筹集了数亿美元，据称该头盔可以提供令人惊叹的3D视觉效果，将虚拟世界的元素与现实世界结合起来。尽管该公司坚称其增强现实技术是用一种全新的成像技术打造的，却并没有透露有关该技术的任何信息，后来被人发现演示视频是用特效制作的。

然后是《厄运降临大西洋城》（*The Doom That Came to Atlantic City*）。为了给这款大富翁类的桌面游戏筹集资金，发明者李·莫耶（Lee Moyer）在Kickstarter众筹平台上发起了一项活动，最终筹得的资金超过了原先3.5万美元的目标——到2012年6月活动结束时，已收到了近12.3万美元的款项。14个月后，李·莫耶告诉平台上的支持者，他将退还筹措的资金，因为项目被取消了。但他一分钱也没还。根据美国联邦贸易委员会的调查，他把钱用于了个人开销[49]。

为了打击这种违规行为，财捷集团（Intuit）等公司正在实验中引入道德规范[50]。

发挥"外星人"思维的作用

法国国铁的测试考验

2014年，以开发史上最快列车而闻名的法国铁路巨头——法国国营铁路公司（简称法国国铁，SNCF），正面临着巨大的挑战，它需要向一个综合性集团转变。为了保持竞争力，法国国铁必须把业务重点拓展到列车和技术创新之外的领域。

法国的铁路服务不太好。两起备受瞩目的事件，暴露了铁路运营方法国国铁和所有方法国铁路网公司（RFF）之间关系的失调。2013年，一辆城际列车脱轨，原因是轨道维修不善，以及两家国有企业的员工合作协议存在问题。第二年，法国国铁订购了一批新列车，结果发现这些列车对许多车站来说车体太宽了。法国铁路网公司已经发送了正确的测量数据——但仅仅针对最近30年建造的车站。

法国政府发起了一项改革，将这两家企业置于一个体系之下，以促进彼此之间的信息交流和合作。

它们各自的董事长都向我们寻求帮助。它们的当务之急是如何从运营的角度加强合作：进行定期维护，在不中断服务和危及安全的情况下更新老化的基础设施——当然，还要避免过去的错误再次发生。

但当我们采访两家公司的高层团队时，我们发现了另一个紧迫的挑战：新成立的集团需要重新考虑其商业抱负和服务，竞争的舞台已经改变了。由于法国国铁的定价被认为过于昂贵，乘客们纷纷转而拼车、搭乘城际巴士和廉价航班。用户希望从法国国铁得到更便宜和更灵活的旅行方式,希望得到额外的服务。这就不再是仅仅要求火车设计精良、可靠或纯粹追求速度。

为了应对这个情况,集团需要更灵活、更具进取性。法国国铁和法国铁路网公司都是国有企业,有着强大的自上而下的领导文化,并遵循成文的规则和程序,这限制了地方决策者自行采取行动的能力。正如其中一位指出的那样:"一个现在行得通的好主意,如果要我们花三年的时间才能实现的话,到那时可能会显得非常可笑。"[51]

法国国铁漫长的创新周期和严格的风险评估是其取得重大技术进步的保障,但并不适合其他领域的创新。为了改善组织流程,对新的市场机会或风险快速做出反应,并提出商业和服务上的创新,集团需要研究新的方法快速进行试验并实施新点子。

试验新的方法

我们策划了一段学习之旅,以便向合并后的执行团队灌输一种协作和试验的精神。

旅程的第一部分是虚拟的。我们创建了在线资料库,鼓励高管们独辟蹊径地思考关于开发和测试新想法的措施。在六周的时间里,参与者们收到了案例研究和文章,帮助他们在网络小组中讨论交通出行的颠覆性趋势(如拼车)和其他国家管理机构(如法国国家邮政局)的成功创新。

在沟通和战略部门负责人的帮助下,我们还找出了法国国铁内部三个鲜为人知的成功案例。在这些案例中。联动思考和快速试验产生了关键的影响。我们制作了短片与参与者们分享,向他们展示了公司内部的小创意。

在一部短片中，高管们描述了一项运营措施，这项措施缩短了对故障的响应时间。其中一人指出了思维和合作模式的改变："我们的态度从'为什么我做不到？'和给出 50 个不做这件事的理由，转变为'我们怎么才能把它做好？'"[52]

另一部短片描述了奥斯特利茨火车站（巴黎主要车站之一）的顶级团队，如何重新思考每年 2 200 万乘客是怎样往返车站的。就在该团队讨论该怎样进行下去的时候，一个名为 Vélib 的共享单车特许经营项目出现在车站里。该团队一个成员对同事说："我们都应该感到羞愧，一家与我们无关的公司找到了为客户提供服务的方式，而我们似乎无法提供这种服务。"[53] 后来，这成了他们采取行动的动力：把车站的一个破旧的区域改造成供两轮车、出租车和租赁车辆使用的过渡区。这个故事反映了法国国铁在应对竞争时应该更灵活，以及在让乘客享有无缝衔接的旅途方面该公司可以发挥关键作用。

我们用这些故事激发高管们讨论快速创新可能遇到的障碍，敦促他们找出该领域可以解决的小问题，并设想可以自行测试的解决方案，而无须征求专家的意见和巴黎政府的意见。

为了让他们的旅程圆满结束，我们召集集团的 650 位高管参加了一项为期两天的活动，帮助他们试着学以致用。我们组织了一次大规模的"深潜"：在一个巨大的空间里，所有人都聚集在 110 张桌子周围，有 20 名教练从旁协助。一共 4 个战略主题，参与者们分组对其中一个进行头脑风暴，然后在小组之间给出和接收反馈，以改进他们的提案。他们在活动期间一共经历了三次迭代，在最后一次迭代之后展示了他们的项目。每个人都要基于项目是否出色以及项目是否可行这两个标准进行投票。投票完成后，结果在巨大的屏幕上立刻显示出来。然后，团队有 6 个月的时间继续开发和完善他们的提案。

这个过程迫使参与者抛开他们对试验的顾虑，比如，他们不愿承担风险也不愿听取批评。他们见识了能以多么迅速和低成本的方式围绕创新进行合作，从而产生和呈现面向未来的想法并对此进行迭代。他们还学会了摆脱传统的思考和测试方式，看到了如何利用群众的智慧来识别具有吸引力的想法。

克服隧道视野效应

这些小组提出的创新体现出了一定程度的机敏性、开放性和冒险性，有别于该组织之前不思进取的传统，现在明显更强调颠覆性思维和试验。

此后的运营中，出现了三个标志着与过去做法截然不同的突破，它们尤其值得关注：

• 2015 年，法国国铁推出了 TGV Pop，这是一款受 Groupon①启发的时髦应用程序。想去旅游的人可以在网上为有限的几个目的地投票，并享受折扣（在火车满员的情况下）。这款应用程序颠覆了鼓励乘客提前订票的传统做法，在热爱旅游的年轻游客中大获成功，他们中的许多人原本使用拼车替代了坐火车出行。

• 另一个受欢迎的项目是 TGV Max，灵感源于电话公司实行的固定费率和互联网服务提供商的无限制接入模式。TGV Max 为年轻人提供无限的非高峰时段高铁旅行，每月支付 79 欧元。这件事听起来微不

---

① 一个团购网站，其独特之处在于每天只推一款折扣产品，每人每天限拍一次等。——译者注

足道，但却违反了效益管理的神圣原则，因为它要求公司关注的是每个客户创造的收入，而不是每个座位创造的收入。

• 法国国铁也在尝试列车之外的新项目。2015 年 12 月，该公司宣布将尝试三种新的合作伙伴关系：第一种是与初创企业 KidyGo 合作，KidyGo 为孩子父母与注册（并通过评级的）旅客牵线搭桥，后者通过陪伴那些因父母有事不能陪同的孩子安全到达目的地来赚取交通费；第二种是借助点对点租车平台 OuiCar，使旅客完成旅程的最后一段；第三种是与爱彼迎合作，通过让旅行者出租空房来帮助他们支付自己的旅行费用。

不出意外，作为国有企业的法国国铁和爱彼迎之间的合作是最具争议的。尽管调查显示 18 ～ 34 岁的人群中有 80% 支持这一举措，但迫于强大的酒店业的压力，法国国铁仅仅在试行一天后就被迫放弃了合作。然而，这次失败的试验充分说明了法国国铁的新心态——准备好推出新的业务模式并尝试一种棘手的伙伴关系；承诺让数据说话；当他们意识到这个项目没有达到预期的吸引力时，他们愿意推迟这个项目。

这种为了改进（而非证明）而进行测试的精神，对于具有笛卡儿思想 ① 的法国工程师来说并不是天生就具备的。法国国铁的市场总监雷切尔·皮卡德（Rachel Picard）对此公开发表评论表示："采用'测试和学习'的方法能让你更机敏，同时在你启动一项创新时抵御金融方面的风险。"[54]

---

① 笛卡儿是法国哲学家，唯理论的创始人，强调科学知识体系应建立在理性的直觉与演绎法基础上。——译者注

这种新的思维模式正在帮助法国国铁成为移动出行方案的协调者，而不仅仅是一家铁路公司。

⬡ 要点总结

- 实验是将一个有前景的想法变成可行的解决方案的过程，目的是满足真正的需求。

- 创业公司失败的首要原因是所提供的东西没有市场。因此，为了确定一个想法是否可取和可行，你必须进行实验。

- 在实验时，"外星思考者"将两种看似矛盾的特质结合起来，即完全的专注（投入）和完全的灵活性。相比之下，大多数实验者往往关注的是验证，而验证的目的是消除不确定性，而不是找到可能性。因此，持有传统思维的创新者很容易错过意想不到的见解。

- 把精力放在实验和收集数据上，有助于对抗由"HiPPO"（收入最高的人的意见）决定采纳哪种理念以及选择开发哪种产品的倾向，让你以一种更深思熟虑、更系统的方式去发现到底是什么在起作用——或者，更准确地说，是什么事物或因素在什么时候起作用。

- 赛格威的案例说明了长时间没有来自客户的关键反馈会有怎样的缺点。内部产品迭代只能带你走这么远。

- 一旦你开始对你所珍视的想法进行测试，你面临的主要风险是已经成形的确认偏误和沉没成本效应会削弱你接纳修正性意见的能力。

- "外星思考者"既用实验进行验证，又用实验来调查。

- 作为一个"外星思考者"，建筑师盖里用实验来迎接惊喜。他通过创建"怪物史莱克"模型，激起委托人强烈的反应，从而更好地理解对方的想法。这个过程使盖里能够继续从客户的不适中探索和学习，促进他的想法随着时间的推移逐渐酝酿成熟。

●无论你是独自工作还是在团队中工作，你都需要考虑如何解读收到的数据，以及如何避免偏见。有两种方法可以应对这些挑战：一是让数据说话，二是寻找想法与你不同的人。

⊙ 问问自己

1.在你所处的组织中，产品选择和开发选择在多大程度上是由收入最高的人的意见决定的？你能设计出实验来提供证据，为他们的判断提供信息、丰富他们的观点吗？

2.当你试图验证一个核心假设时，你对出现新的可能性持有多开放的态度？你能回忆起一次确认偏误或沉没成本效应阻碍你接纳修正性意见的情况吗？你在采取什么措施防止这种事再次发生？

3.你经常接触想法与你不同的人吗？如果没有的话，你可以去哪里寻找这样的人呢？

4.你能像弗兰克·盖里那样并行地研究多条路径，而不是依次测试每个有前景的想法吗？

5.请诚实地回答：你是否倾向于把对你想法的批评当作对你自己的批评？当你向同事或老板提出新想法时，你该如何减少对方的抵触情绪呢？

◉ 数字化方面

1. 你是否能够使用数字工具，如模拟器、数字双胞胎或 A/B 测试来进行自动化实验？

2. 你能通过社交媒体或在线社区与远程的利益相关者共同测试你的想法吗？

第六章

导航：设法腾飞，避免坠落

每当瑞士探险家萨拉·马奎斯（Sarah Marquis）告诉人们她最新的探险活动时，人们的反应都是："你疯了！"如果她听了这些人的话，她根本就不会再去探险了。

马奎斯是一位冒险家，她成年后的大部分时间都用在独自徒步穿越世界上一些最荒凉的地区，从沙漠到丛林，再到山脉，靠山吃山，另辟蹊径。她最具代表性的探险活动包括：2006 年从智利圣地亚哥徒步到秘鲁的马丘比丘；2010—2013 年间徒步 1 万英里①，从西伯利亚到戈壁滩，然后穿过中国、老挝和泰国；2015 年穿越澳大利亚内陆；2018 年穿越塔斯马尼亚。

她每经历一次大冒险就写一本书。在人迹罕至的环境中进行极限徒步是她的激情所在，而通过讲故事来分享这种经验则是她的使命。她感到有责任"在为时已晚之前恢复我们与自然界失去的联系"[1]。2014 年，她被著名的美国国家地理学会评为年度最佳冒险家。

她作为一名女性在偏远地区独自旅行的经历，显示了向未知领域

---

① 1 万英里约为 1.6 万公里。——译者注

探险时导航的重要性。

进入敌对环境

马奎斯从两个视角剖析导航，强调徒步旅行之前的准备和旅行期间应对的重要性。

成功的导航从准备开始。为了在徒步时恰当地应对威胁和机会，她需要在身体和精神上做好准备。为了一次为期三个月的探险，马奎斯通常要花两年时间来了解这个地区、规划路线和准备后勤，在第二年还要加上高强度的锻炼。

在对该地区进行初步探访后，她与当地专家进行了交谈，参观了当地市场，然后回家处理这趟探访中获得的关于地形、天气和野生动物的信息，并决定携带哪种装备最合适。她还查阅了其他来源的知识。"我就像一块海绵，"她说，"我买了很多关于这个地方的书，内容涉及以前的战争、地方史、语言、原住民和药用植物。我还从农民、地理学家、生物学家和历史学家那里收集数据。我查阅古老的典籍，因为我需要的知识是永恒的。一百年前关于淘金者的描述仍然适用，因为那片土地没有什么变化。我想知道人们是如何在那里丧命的，这样我就不会死了。"

她还必须向潜在的赞助商和支持者寻求帮助，而这意味着要为即将到来的旅程精心准备一个引人入胜的故事。"在我开始徒步之前，我一直在向那些并不真正在意我和我的故事的人一遍又一遍地讲述我的故事，"她说，"讲故事真的非常重要。你能把你的感情、目标、梦想、对你来说重要的事物用文字表达出来吗？这是探险的一部分。我给他们讲了一个我愿意为之献身的故事。"

马奎斯的许多关切与创新者类似，他们都试图将想法付诸实践或挑战现状。为了使他们的想法在实践中存活，他们还必须预测可能的威胁，问自己这些问题：在这个组织或部门，人们说什么"语言"？我是否理解他们？我可能会遇到什么样的历史上曾经的紧张局势？我需要带上什么装备？我在哪里能找到额外的资源？我应该考虑哪些危险？谁的支持将是至关重要的，我怎样才能说服他们支持我？

创新者们往往忽视了导航的准备阶段。将一个好的想法转化为对用户有巨大价值的事物需要做大量的工作。正如马奎斯所说："这样一次旅行的成败取决于细节和对周围环境的理解。这与运气无关，并不是'玩一玩'的事情，需要做很多准备。"

一旦开始旅程，她就会从计划中的演习过渡到动态导航阶段，因为她无法预见到每一起突发事件。"你尽可能多地计划，但当你迈出第一步时，你必须为未知的事情做好准备。你必须读懂环境，充分利用你的感官——不仅仅是你的视觉，还有你的听觉、嗅觉、味觉和触觉。"例如，当她饿了，发现一种不知名的植物时，她可能会舔它、咀嚼它，或者在她手腕内侧皮肤最薄的地方摩擦它，看看它是否会引起反应，并确定它是否可以食用。

在导航方面，马奎斯并不依赖 GPS 定位系统，只是偶尔会使用 GPS 进行二次检查。相反，她更喜欢地图和指南针等传统工具。这些工具使她能够将自己投射到她所处的环境中："我的地形图就是一切。使用地形图，你能真正想象出现实的景观……使用 GPS，你就不能了。图像很小，你移动的时候就找不着北了。你得经常用脑。"

睡在帐篷里也能增强她对地形的感觉。帐篷可以让人长时间与大地直接接触，使她的方向感更加敏锐。"你会意识到你周围的环境，你可以看到山，你可以真切地感受到太阳，感受到你要去的方向。"

对技术的过度依赖干扰了她对周围环境的认知和感受能力，干扰了她建立联系、边走边学和适应的能力。有一次，在蒙古国，她注意到一群骆驼向一个方向快速移动。她明智地采取了同样的行动，从而在沙尘暴到来之前逃过一劫。还有一次，在澳大利亚经历了脱水后，她认出了一种特殊的鸟，这种鸟一天只飞 5 000 米左右。"所以如果你看到这种鸟，你就知道附近有水。你只需要弄清楚水在哪个方向。"她时刻保持警惕。"我一直在审视周围的风景，看看它能给我带来什么。"

与马奎斯一样，颠覆性创新者需要在充满敌意和不断变化的环境中生存。他们也需要通过导航——边走边学，保持方向感——来避免威胁和抓住机会。要做到这一点，就需要对突如其来的挑战做出灵活和创造性反应，同时也需要做好准备。当你有一个很棒的想法时，你可能很容易忽略准备工作，特别是当你是一个内部人士，并期望组织接纳你的创新时。

谁想要一台数码相机？

伊士曼柯达公司（Eastman Kodak）前工程师史蒂文·赛尚（Steven Sasson）艰难地认识到了导航的重要性。虽然他的探索之旅带来了世界上第一台数码相机，但他未能获得管理层对"未来相机"的支持，这说明即使是一项杰出发明也很容易被扼杀在摇篮里。为了避免这种命运，"外星思考者"可能需要在创新处于早期开发阶段时保持低调，招募有影响力的支持者，并以不明显对现状造成威胁的方式定位产品。你的成功可能不仅仅取决于应对这些挑战中的一两个，而是所有。

赛尚的创新之旅始于加入柯达时的 1973 年。此后不久，这名 24 岁的年轻人接到了一项看似微不足道的任务：看看几年前发明的电荷耦合器件（CCD）是否有实际用途。（CCD 是一种探测光线并将其转换为数字数据的传感器。）

"几乎没有人知道我在做这个，"他后来告诉一名记者，"因为这不是一个大项目，也不是什么秘密。这只是一个项目，方便我做其他事情时不会遇到麻烦。"[2] 正如他在 2011 年的一次演讲中所述："这是一个很小的项目，因此也谈不上有什么管理，没有人询问事情进展如何之类的问题……没有人关注，我们也没有资金，也没人知道我们在工作。所以当时的情况可以说是完美的。"[3]

在接下来的两年里，为发现 CCD 的实际用途，赛尚和几位技术人员的努力催生了一个意料之外的结果——"一个小题大做的机械装置，镜头是从一台用过的超 8 电影放映机①上拆下来的；一台便携式数字卡带录音机；16 节镍镉电池；一台模拟 / 数字转换器；几十个电路——它们都被连接在半打电路板上"[4]。这就是世界上第一台数码相机。

"但它不仅仅是一台相机，"赛尚说，"它是一个摄影系统，用来展示不使用胶片和相纸的全电子相机的概念，在捕捉和显示静止的摄影图像时无需任何耗材。"[5]

赛尚和他的同事向来自不同部门的柯达高管做了一系列的演示。

---

① 可以放映超 8 毫米有声电影胶片的放映机。——译者注

他把数码相机带进会议室，给房间里的人拍照，并把图像上传到电视机上。"捕捉图像只需要 50 毫秒，但把它录到磁带上需要 23 秒。我把磁带拿出来，递给我的助手，让他放到我们的播放装置中。大约 30 秒后，跳出了像素为 100×100 的黑白图像。"[6]

虽然相机可以存储数百张照片，但赛尚特意设定了 30 张的上限。他之所以选择这个数字，是因为 30 恰好介于标准柯达胶卷的 24 张至 36 张照片之间。"我不想讨论在便携式可移动设备上存储数百张照片的问题，"他说，"这将使事情变得复杂……有时你必须保持想法简单明了，以便让讨论集中在基本要素上。我把照片上限设定为 30，便于人们接纳这个想法。"[7]

赛尚也选择避开"数字"这个术语。相反，他称这项突破性技术为"无胶片摄影"。

事实证明，这个概念是一个非常糟糕的选择。因为对公司高管来说，这种产品定位是灾难性的，而公司的巨大利润源于销售摄影胶片、相纸、化学品以及胶片和印刷品加工的价值链。从 1975 年到 20 世纪 90 年代初，赛尚和他的团队一直在驾驶一艘数字帆船驶向飓风。

赛尚指出，公司的许多高管确信，没有人愿意在电视机上看他们的照片[8]。然而，主要的反对意见来自公司的营销和业务部门。柯达实际上垄断了美国摄影市场，这个过程的每一步都在赚钱。美国人用柯达相机拍照，用的是柯达胶卷和柯达闪光灯型一次性相机，然后把胶卷拿到当地冲洗店冲洗（或者直接邮寄给柯达），在那里将胶卷用柯达研制的化学品和柯达相纸变成了纸质照片。

无胶片摄影？你不妨称之为无利可图的摄影。

"人们（对数字摄影）的反应往往是，它太遥远了，无法认真考虑这个问题，"赛尚说，"不仅相机不使用胶片，而且里面没有任何东西使用任何现成的照片产业链，也不使用当时全世界都存在的冲洗照片的设施。没有照片冲洗，没有递送——没有我们过去思维中存在的东西。这真的很遥远，他们无法理解这一切。"[9]

剩下的故事已经广为流传。当柯达完全接受数码摄影时，强大的竞争对手已经在这个领域占据了龙头地位。柯达从未能够像曾经主宰胶片市场那样主宰数字市场。

赛尚的失败不是想象力、探索或实验的失败，而是因为未能克服关键的利益相关者的反对意见，任其坚持一种有利可图但日薄西山的商业模式。尽管赛尚和他的团队竭尽全力逆风作战，但他们导航的努力最终证明是徒劳的。

2009 年，赛尚被美国总统奥巴马授予国家技术创新奖章。三年后，伊士曼柯达公司申请破产。

导航是什么？

就创新而言，导航是为了应对外部环境，并适应那些可能决定你的解决方案的成败的力量。

在创新的旅程中，你可能会遇到蓄意干扰你任务的人，即使你已经形成了一个可行的解决方案。柯达的例子证明，成功需要的不仅仅是一个突破性模型。在产生了一个可行的解决方案之后，你必须将其转化为一种实用的产品、服务或业务，这就是导航发挥作用的地方。

如果没有关键决策者的支持，你的解决方案（通常都是秘密开发的，获得了值得信赖或给予帮助的批评者的意见）可能无法在第一次与机构、投资者或行业伙伴接触时存活下来。

导航是指将你的解决方案推向市场或带给受益人，并扩大规模。这就要求你审时度势，机动地避开危险的障碍。你还必须应对双重挑战：一是保持你的解决方案的活力，二是同时确保你不会妥协到你的解决方案不再具有颠覆性的地步。你希望你的解决方案保持原创性，尽管有各种力量试图破坏它或使它顺应潮流。

要想完成所有的任务，你需要用与众不同的方式进行思考。关键的准备工具包括商业模型图和利益相关者分析一类的方法，但是导航也意味着在不可预见的威胁和机会出现时做出反应。

陷阱

无论是独立工作还是在组织内工作，创新者经常会用两种方式欺骗自己。

首先，像赛尚及其团队一样，他们高估了他们的创新方案为自己说话和凭借自身优点取得成功的能力。他们陷入了"酒香不怕巷子深"的幻觉中。像索尼阅读器和赛格威的发明者一样，他们自己坚信，产品的明显优势对潜在用户、合作伙伴和其他利益相关者而言将会是毋庸置疑的。

对于许多创业者和创新人士来说，这种过度自信是一种职业风险。在他们最初成功捍卫自己的想法并战胜怀疑者后，他们变得善于说服他人。鉴于此，一些原创思维人士在创新之旅的最后被傲慢击败。他们习惯于克服反对意见，让抵制者改变态度，而忽视顽固的反对者（帕维根的肯鲍尔－库克从 150 名风险资本家那里听到了"不可能"这个词），以至于他们不再理会警告或遭受批评。他们处于现实扭曲力场 ① 中。

其次，他们低估了环境的潜在敌意。赛格威团队没有预见到国家和许多地方政府的监管压力。赛格威的革命性设计使其不属于现有的车辆类别，所以经常被禁止在人行道和马路上行驶。同样，谷歌眼镜使佩戴者可以偷偷拍摄他们视野中的任何东西，但它在赌场和酒吧等场所却遭到了禁止。随着隐私问题愈演愈烈，佩戴者还被媒体戏称为"眼镜混蛋"。2015 年 1 月，产品上市还不到 9 个月，谷歌就停止了该产品的销售。

革命性的产品和理念，很容易受到未预见到或无法预见到的外部力量的打击。这种打击是可以想见的。但对创新者来说，最令人震惊的往往是来自组织内部的反对，他们明明可以从突破中获益最多，如柯达的数字摄影案例。反对者并没有直接扼杀这个想法，但他们在这个想法上踌躇了许久，以至于失去了作为技术发明者原有的优势。

这并不是个例。伟大的解决方案总是遭到否决，通常是因为它们的经营范围或商业模式在当时不流行。施乐（Xerox）的帕克研究中心（PARC）以屡屡错失良机而闻名世界。它有过一段辉煌的历史，拥有很多具有突破性的发明，后来却被其他人或机构抓住了机会，包括第一台真正的个人电脑（施乐 Alto 电脑）、以太网、图形用户界面、电脑

---

① 这是指发言者结合骇人的眼神、专注的神情、口若悬河的表述、过人的意志力，扭曲事实以达到目标的迫切愿望，以及所形成的混淆视听的领域。——译者注

图标、位图、可扩展类型、计算机鼠标和世界上第一台激光打印机[10]。

另一个风险是，你为少数人提供的出色的解决方案，会慢慢变成对多数人来说平庸的解决方案，就像谷歌眼镜一样。谷歌在 2017 年 7 月推出"谷歌眼镜企业版"，将该设备重新上市，并将其定位为从医生到汽车装配工的专业人员的设备，使他们能够释放双手做其他工作。

由于高估了解决方案的价值和低估了购买需求这两个错觉，创新者往往错误地判断动员支持者和克服障碍所需的努力。他们也没有意识到，创新在弥合这一差距的过程中的必要性。

运用"外星人"思维，可以帮助你获得平衡——同时思考如何管理风险和获得牵引力。

管理风险的同时获得牵引力

"外星思考者"避免过度自信的办法是，不把任何事情视为理所当然。他们试图找出有可能帮助或损害自身的内部力量和外部力量。运用"外星人"思维可以让你注意到颠覆性创新的两个关键方面：（1）避免被击落；（2）从生态系统中获得额外的帮助。这两个方面是从业者所熟悉的，但在文献中却很少出现。

"外星人"思维能提高你对潜在敌对环境的理解。潜在敌对环境包括你所在的组织的免疫系统，它可以帮你找到可能支持或阻碍你的项目的人。这种思维让你关注非同寻常的途径和力量，还为你配备了预测和管理这些力量的技术。

为了充分理解导航的复杂性，你必须将导航拆解为两个组成部分：

生存的需要和蓬勃发展的需要。

如何生存？

想要安全航行，首先要侦察地形，特别是潜在的危险，然后制定策略来应对这些危险。许多具有突破性的解决方案之所以失败，是因为发起人在预测风险和阻力方面的投入不够。他们高估了解决方案自身的实力，结果正面撞上可预见的障碍。生存就是提前预测以避开可能对你的解决方案造成破坏的力量，生存还要求你抵抗或化解难以预测的威胁。

寻找摩擦

当你提出颠覆性想法时，你会遇到阻力。"外星思考者"知道，在打破这些规则之前，他们必须了解这些规则及其制定原因。创新者往往在绘制地形图和规划安全路线方面准备不够充分，因为最直接的路线不一定是最好的。他们常常在没有充分了解对手实力的情况下就冲入战局。在这方面，"疯狂的家伙们"（那些通过无视规则和惯例而成功的特立独行者）的神话既是误导，也是无益的。许多伟大的想法都因为发起人在跃跃欲试之前，没有对环境进行充分的评估而失败了。

就柯达公司赛尚的例子而言，需要指出的是，他确实预见到了一个关键的阻力，那就是相机的存储容量。因此，他特意将存储容量限制在 30 张照片的水平，以配合一卷胶片 24 张至 36 张的标准数量。这是一个熟悉的数字，一个令人欣慰的数字。

后来，在生产第一台实验性数码相机时，他的首席设计师提醒他：

"它必须看起来像一台相机，用起来也像一台相机，我们不能假设它不是一台相机。"[11] 这些相机实验品中有一半是手工制造的，而且从未批量生产或大肆宣传。"但我们在公司内部使用这些相机，看看是否有人对推销这些东西感兴趣。"[12] 该模型的知识产权 D-5000（或 ECAM），获得了当今世界上所有的相机制造商的认可，被普遍认为是大多数现代数码单镜头反光相机的前身。

不幸的是，这些努力因为赛尚在会议上介绍新技术的方式而功亏一篑。回顾过去，他承认将这个发明称为"无胶片摄影"是获得牵引力的严重障碍[13]。"我们从各方面得到的回答是：'哦，当然我们愿意（推销它），但如果是以牺牲一台胶片相机为代价的话，我们就不会这么做了。'"[14] 在解决了所有技术问题并为摄影的未来奠定了基础后，公司推迟了对这项技术的研发，直到其他公司赶上来缩小了差距。1994 年，柯达终于生产出第一款消费级相机时，是以苹果品牌的名义生产的。柯达设计并制造了它，苹果公司则将其推向市场。柯达的例子戏剧性地说明了，为了抵制改变游戏规则的解决方案，企业的免疫系统可以动用如何险恶的力量。

每当你提出一个违反行业规范的解决方案，阻力就会爆发。以戴森为例，他巧妙的无尘袋真空吸尘器被所有主要的家用电器制造商拒绝了。当后来回想起来，戴森承认了他的天真。"我曾幻想过一场真空革命，现实却是另一番景象……这些真空设备制造商建立了一个刀架和刀片商业模式（razor-and-blade business model）①，依靠尘袋和过滤器

---

① 这是指低价销售一款设备，而通过重复销售相对高价的耗材实现盈利的一种商业模式。始于吉列剃须刀。——译者注

盈利。没有人认可我的想法……不是因为这个想法不好，而是因为对商业不利。"[15] 戴森花了几年时间来克服这些反驳意见，在大西洋两岸进行法律斗争以保护他的专利，并最终筹集资金建立自己的工厂。

在提出你的解决方案之前，问问自己：我的解决方案会与现有的制度安排——与这个社会系统、组织、部门或行业的既定秩序发生怎样的冲突？摩擦点在哪里？

一个新的解决方案可以在不同的层面引起摩擦：内部（来自组织）和外部（来自环境）。可能像赛尚的数码相机一样，挑战组织的结构、权力等级、技术承诺和能力，即使它与公司的宗旨、价值观和传统相一致（如赛尚的情况）。任何威胁到个人地位、工作安全和职业前景的创新突破都必然会引发阻力，所以你得想想你可能会踩到谁的脚趾。

该解决方案也可能在生态系统内造成干扰，可能会改变行业伙伴之间的关系（如索尼阅读器），引起监管部门的审查（如赛格威），或者需要改变消费者的习惯（如谷歌眼镜）。

寻找摩擦的来源可以提醒你注意可能的障碍。请始终考虑你的解决方案可能会如何扰乱组织或生态系统中的既定思维、关系或做法，包括政治、法律、经济、结构、社会、心理、技术或功能方面。

一旦他们在系统中注意到你，对这些领域的干扰就会使人们联合起来反对你。但是，认识潜在的力量会帮助你预测哪些利益相关者可能会抵制你的想法，还有助于解释他们为什么会反抗，并帮助你预测反抗的强度，以及反抗可能采取的或公开或隐蔽的形式。这份情报对你做好防御准备至关重要。

反对意见可以通过多种方式表达，最积极的方式是通过诉讼、公开批评或撤销合作。但是，消极的反对，比如怀疑你的解决方案或进行虚假的鼓励，同样会消耗你的精力和信誉。

在与他人接触时，你需要意识到，使你的解决方案与众不同的那些特点也会引起分歧。为了减少摩擦，你必须找到方法，在构建解决方案的同时，不会像"无胶片"或"无尘袋"这些词一样引起过敏反应。用乐高公司前创新总监的话说，你需要成为一个"外交型叛逆者"[16]。你需要想办法调整你的信息和行动，以便避开潜在的拦路虎。

化解威胁

意识到可能的摩擦点将帮助你规避它们。然而，你也可能不得不采取回避措施。你可能不得不相机行事，以避免被发现或被击落。甚至，在某些情况下，你可能不得不灵活操作，让你在遭受打击时受到的伤害最小。

避免被击落的一个方法首先是阻止敌人向你开火。要做到这一点，你就需要通过伪装来避免被发现和被下负面结论。让自己显得不起眼，尽量减少与周围环境的差异。这是创新之旅开始时特别有用的策略——在你有东西可展示之前。

赛尚之所以能制作出一个实用模型，原因之一是他秘密工作了很长时间。最初，该项目没有真正的预算，也没有固定的场所，所以他在一条长长的走廊尽头清理出了一个实验室。这个项目没有引起高层管理人员的注意，因为赛尚没有寻求资金或支持。相反，他从旧零件箱中收集材料，行事相当低调。

在组织工作的"外星思考者"中，反复出现的一个主题是需要保持"潜水艇模式"——不被雷达捕捉到，并且远离电网——使项目羽翼未丰时不会激活企业的免疫系统，引致老板和同事的反对。

当然，你不可能永远藏在水里。然而，一旦你浮出水面，你就可以通过强调你的项目与过去的联系，将项目可能的破坏性降到最低。你可以证明，尽管解决方案不同，但并没有根本性不同。这种方式让你更难被贴上叛逆者的标签。世界最大的水泥公司拉法基豪瑞（LafargeHolcim）的创新主管安娜丽莎·吉冈特（Annalisa Gigante），将这点作为她从痛苦的经历中吸取到的推动创新项目的最大教训："你的想法越真正符合公司的目标，就越容易实现……所以需要真正理解公司的核心是什么。如果想法能可持续发展，如果能提高可持续发展性，那么你就已经可以造势了……也就是包装你的想法并寻找产出指标，将这些指标与团队其他成员的衡量标准联系起来。"[17]

在组织内部，你需要以一种符合组织基因的方式来展示颠覆性创新。从 2002 年到 2013 年，法国国家邮政局（La Poste）在让 - 保罗·巴伊（Jean-Paul Bailly）的监督下，实现了巨大转型，他说："你必须证明，这种变化可以帮助你保持本心、忠于使命。"[18]

2010 年，即使国有邮政服务开始私有化，巴伊仍然强调公共服务价值和公众信任的重要性。这些核心理念支撑了一系列新的活动，涉及电子商务、银行和移动电话。基于公众对邮递员的信任，该局增设了对老年人的服务——这是针对法国人口老龄化和邮寄信件数量下降的创新举措。如今，客户可以委托当地的邮递员去探望年迈的亲属，而邮政工作人员也接受了培训，以应对他们可能遇到的情况。多亏了这些措施，法国国家邮政局的转型在没有裁员的情况下完成了，收入也持续增长。

将你激进的项目与人们熟悉和认可的概念联系起来，这项原则同样适用于外部。例如，莱贾德的无人机货运公司，当他提议用无人机来解决非洲供应紧缺的问题时，他小心翼翼地、温和地表达他的信息。由于许多人将无人机与导弹袭击联系在一起，莱贾德预料到会有被拒绝的风险，于是将他的无人机称为"会飞的驴"[19]。这个出乎意料的委婉说法，借用了一个肯尼亚农民的话，完美地捕捉到了想法的精髓，并且使其具体化，显得没有威胁性，还具有吸引力。

类似地，在为曾入狱的人创建信用评分时，霍奇将分值设计为300～850，就像 FICO 信用评分一样，后者是决策主体用来确定你是否能获得贷款、买车、找到工作和租房的标准。构建解决方案的方式对方案的生存可能至关重要。

抵御攻击

你无法预测并规避每一个威胁，所以你也必须适应。一旦你变得引人注目，你可能需要随机应变，有时还需要变换战术。这些防御措施也许不能防止你被击中，但可以防止你被击落。

以成立于 2013 年的健康科技公司 Owlet 为例。这家初创公司设计了一款无线腕带，用于监测医院病人的生命体征。开发团队认为他们会稳赢，因为病人和护士都不喜欢目前医院所使用的有线设备。但是，团队刚一推出他们的产品，就遇到了意想不到的来自医院管理者的反对。护士们最常抱怨的问题是电线常常缠在一起，但因为这不是管理人员的痛点，他们拒绝为购买新型腕带付费。Owlet 专注于用户，却忽视了买家。

他们很快改变了工作方向，将同样的技术应用于家庭，而不是医院。他们开发了一种"智能袜子"，可以监控熟睡中婴儿的脉搏和呼吸，并在必要时向看护人的智能手机发送警报。这一次，至关重要的是，家长作为买家也得到了安心这个主要的好处。

但是，Owlet 团队再一次遇到了反对——这次是来自美国食品和药物管理局（FDA），问题出在警报器。其中一位创始人解释道："警报器加上脉搏血氧仪意味着你需要获得食品和药物管理局的许可……因为发出警报意味着我们在向父母提供建议，我们像是在说'嘿，这里发生了一些事情'。"[20]

这一次，Owlet 团队迅速进行了测试，并发现消费者对产品中只追踪脉搏和呼吸的无警报版本很感兴趣。这使该公司在漫长的审批过程中能够继续营业，直到能够发布带有警报器的升级版旗舰产品。

Owlet 向我们敲响了警钟，即使是一个突破性解决方案，它也是存在于一个相互依赖的系统中，而不是孤立的。Owlet 曾有两次遭受之前忽略的关键利益相关者的突然袭击，但两次都能化险为夷。快速反应和思维敏捷是 Owlet 在意外打击中能生存下来的关键，使其在不失去太多动力的情况下可以恢复元气。

采取非常规的防御措施是"外星思考者"的另一个选择。这些动作不仅可以用来转移攻击，还可以实际利用它们。

以特拉循环（TerraCycle）为例，这是一家以营利为目的的回收业务企业。

2002 年，加拿大学生汤姆·萨奇（Tom Szaky）从普林斯顿大学辍学，开始生产和销售一种名为蠕虫便便（Worm Poop）的有机肥料，并于后来创立了特拉循环。他收集了大学里的食余垃圾，用来喂虫子，让虫子把它们变成丰富的肥料，这些肥料可以液化后装在用过的苏打水瓶里。

特拉循环的重大突破是在 Carrot Capital 商业计划挑战赛（Carrot Capital Business Plan Challenge）中获得了第一名，并获得了 100 万美元的投资。唯一的问题是，投资者希望将公司的业务定位在更广泛的有机肥料产品线上，并淡化已经成为这家初创公司代名词的环保色彩，而这对公司的独特性是一个沉重打击。特拉循环的银行账户里只有 500 美元，迫切需要这笔投资，但是萨奇拒绝了。相反，他利用 Carrot Capital 表示的赞许来吸引其他融资，获得了全球最大零售商的关注，而不是像最初潜在投资者所建议的那样，通过小型商店和托儿所继续发展品牌。

在一年内，萨奇说服家得宝加拿大公司（Home Depot Canada）开始在网上上架他的产品。这一订单虽然不大，却打开了更多的大门。加拿大的沃尔玛和其他连锁店也纷纷效仿。然而，一旦特拉循环开始抢占货架空间，竞争对手就会注意到。植物食品巨头施可得美乐棵（Scotts Miracle-Gro）提起诉讼，声称特拉循环的包装与自己公司过于相似，令消费者困惑。尽管有些牵强，但考虑到特拉循环的包装是用汽水瓶，而不是光滑的容器，施可得的说法必须得到回应。

特拉循环面临资金耗尽的风险。即使诉讼结果不会导致公司破产，不得不回应诉讼也有可能分散公司的注意力，让公司无暇顾及发货日期，这可能会破坏公司已经与大型零售连锁店建立起的合作信誉。

所以，特拉循环决定利用施可得市场主导地位的优势。萨奇说："我们建立了一个网站 suedbyscotts.com, 以讲好我们这边的故事。"[21] 除了陈述起诉的细节——并厚脸皮地问人们是否能区分这两种产品——故事描绘了一场大卫与歌利亚的斗争①，这是为新闻媒体量身定制的："我们是一个'由学生创办的环保有机小公司'。我们的瓶子由'全国社区的孩子们'收集和回收。"[22]

最终的结果如何？"90 天后，从《华尔街日报》到《BBC 世界新闻》，总共撰写了 150 篇头条文章，而我们与施可得最终以对我们非常有利的条件达成了协议。"[23] 这场网络舆论战不仅使施可得感到羞耻而撤回诉讼，也给特拉循环带来了前所未有的知名度。公司在诉讼中名声大噪，公司产品也一跃成为"全国最知名的有机肥产品"[24]。

如何蓬勃发展？

当你将你的颠覆性解决方案推向世界时，你的首要任务必须是生存和管理风险。但要想蓬勃发展，你必须找到让自己变得更强、更有适应力的方法——继续发展和改进。

如果你停留在生存模式中，那么所带来的危险就在于你会浪费时间并做出太多妥协。除了被击中的风险之外，你还可能失去优势或独创性，你融入主流的举措可能会让你变得平平无奇。要想蓬勃发展，你需要找到能帮助你的突破性想法获得牵引力的积极力量，你还需要

---

① 在圣经故事中，大卫是一位牧羊的以色列少年，而歌利亚是一位腓力士丁巨人武士。大卫打败歌利亚一战成名的故事，是一个为人所津津乐道的以弱胜强的故事。——译者注

找到利用这些力量的独创方式，以确保每个人都能受益。

随着特拉循环的加速发展，萨奇意识到他们团队无意中发现了一个模型，该模型也可以应用于废弃垃圾，而不只是食余垃圾。垃圾是一种具有负价值的商品——换句话说，人们有时会付钱让别人来处理垃圾。而且化肥只占他们可以开发的市场的一小部分，还有许多其他类型的未开发的垃圾。

所以，他决定把公司的重心从产品（植物食品）转移到商品（垃圾）上。他的想法是："与其让产品成为英雄，不如让垃圾成为英雄，然后想想：'好吧，不管是什么类型的垃圾，我们该如何收集？我们该如何处理？我们如何让一个商业模式发挥作用？'"[25]

萨奇的方法的新颖性不在于针对常见的回收物品，如玻璃、金属和塑料，因为这些物品已经有成功的商业案例了，而在于针对其他人所忽视的废品。他看到机会无处不在。

"我们开始为诚实茶（Honest Tea）、克里夫能量棒（CLIF BAR）和石原农场（Stony Field Farm）等品牌运营（收集）项目，"他回忆道，"不到一年，我们就与卡夫食品（Kraft Foods）旗下的果倍爽（Capri Sun）和纳贝斯克（Nabisco），以及菲多利（Firto-Lay）、玛氏（Mars）等品牌展开合作。很明显，我们推出新模式的时机已经成熟。"[26]

几乎没有任何产品是不能回收的。难点在于，收集和处理废品的成本通常高于废品本身的价值。特拉循环可以扩展公司现有的收集项目，增加其他废品的收集，但最大的挑战是找到愿意提供资助和支持的合作伙伴，以回收那些尚不能回收的材料。

特拉循环最初的做法并没有产生什么影响。他们要求企业参与，因为回收垃圾是正确的行为，但宣扬利他性只能让他们走这么远。预算有限，而且项目有时间限制[27]。很快，他们意识到，利润比愧疚更能激励人。"我们的工作不仅仅是去游说'你应该为这个付钱，因为理论上你有一定的责任'。"[28]换句话说，萨奇决定论证项目的投资回报率，而不是强调对社会或地球有益。"挑战在于，大多数从事可持续发展工作的组织把这件事表述为'你应该这样做，因为这样做是正确的'。虽然环保是一件正确的事情，但在这种框架下通常使得这种项目不具备规模。"[29]

特拉循环自从改变了方法，就获得了惊人的增长——事实上，它催生了一个全新的行业。特拉循环目前以许可模式在全球 26 个国家运营。除了北美之外，它在中国、日本、西欧和拉丁美洲也有业务，并且已经三次被《公司》（*Inc.*）杂志列入前 1 000 家增长最快的私营公司名单，还两次拥有自己的真人秀系列节目：美国国家地理频道的《垃圾大王》（*Garbage Moguls*）和 PivotTV 上的《人力资源》（*Human Resources*），它们提供了萨奇所说的"负成本营销"。当你可以通过内容实现盈利时，为什么要为广告付费？

萨奇具有"外星思考者"的所有特征，他的努力说明了蓬勃发展所需导航的三个关键方面：找到被忽视的机会；找到利用这些机会的非常规手段；抓住出现的意想不到的机会。

找到被忽视的机会

你需要找到配置原始商业模式的机会，并与非同寻常的合作伙伴实现规模经营。

对于特拉循环来说，被忽视的机会是很多的，因为他们选择关注那些没有经济效益的产品。他们挑选的不是最好的垃圾，而是最顽固的垃圾，包括烟头、脏尿布和口香糖。他们专注于别人没有做的事情[30]。然而，为了利用这些机会，萨奇不得不在由学校、负责垃圾收集的环保组织和负责销售产品的零售商组成的现有网络之外寻找合作伙伴。他必须找到愿意为回收项目提供资金的利益相关者，这意味着要找大公司当赞助商。

因此，萨奇联系了世界上产生最多垃圾的产品的生产商，尤其是消费品领域。他在 2018 年自豪地指出："今天，我们特拉循环毫无例外地与每一家主要烟草公司合作。石油，制药，食品，应有尽有……这也和规模有关。如果我能进去影响……这些大型组织中的任何一个，变化都会大得多。"[31] 成交量增加，总体影响也会放大。

当情理之中的合作伙伴拒绝你时，"外星人"思维会帮助你找到其他合作候选人。例如，皮卡德发现航空业对支持他制造太阳能飞机毫无兴趣。航空业人士对他说，不可能产生足够的能量来维持飞机在夜间的飞行。于是，他转而向游艇建造商求助。"如果人们相信某件事是不可能的，你必须找到不知道这事不可能的人，"皮卡德说，"那时，一家造船厂告诉我们：'我们可以让你的飞机像你想要的那样轻，因为我们知道如何使用碳纤维。'"[32]

新的合作伙伴使如何生产更多能源的问题转变为如何消耗更少能源的问题。最终，皮卡德和他的团队设计出了一架"翼展相当于大型喷气式飞机，但重量相当于一辆家庭汽车"的飞机[33]。新颖的合作往往是提供突破性解决方案的关键。

另一个很好的例子是瑞士疾病控制公司维斯特格德·弗兰德森
（Vestergaard Frandsen）。他们设计了一种巧妙的滤水器，这种产品很受徒
步旅行者和露营者的欢迎，但对于最需要它们的非洲和印度农村社区来
说，成本太高了。由于这种滤水器可以不用明火来净水从而减少空气污
染，弗兰德森策划了免费分发这种设备并利用碳信用额度来产生收入的
想法。

为了解锁这一新颖的资金来源，该公司必须使独立审计人员相信，
有数十万台滤水器确实在使用。因此，弗兰德森将目光转向华盛顿大
学开发的开源数据收集平台，并与该平台的开发者合作开发了一款智
能手机应用程序，使现场检验专员能够拍摄滤水器的接受者，并记录
他们家的 GPS 坐标。现在，每个接受者都可以联系到，以便进行跟踪
和审计，使该解决方案可以扩展和延续。

弗兰德森和特拉循环都模糊了营利性和非营利性组织之间的界限。
要找到非常规的解决方案和伙伴关系，你可以从这些节俭的社会创新
者的聪明才智中学到很多东西。由于缺乏资源，他们必须找到与私营
部门、政府机构、社会组织和银行合作的替代方式，以使其创新成果
惠及广大民众。例如，非洲的医疗保健公司正借助可口可乐的冷链保
存关键药品并将其运送到偏远的村庄[34]。

利用机会

当然，找到愿意合作的伙伴是一回事，说服他们积极参与是另一回
事。作为突破性解决方案的发起者，你需要找到具有创造性的方式来协
调合作伙伴的利益，并对生态系统中可能出现的意外机遇做出反应。

为了使利益与潜在的利益相关者保持一致，特拉循环必须能够提出双赢提议。在公司理解了用"拥抱投资回报率的对话"[35]激励合作伙伴参与进来的必要性之后，他们就小心翼翼地调整信息以适应不同的利益相关者，并通过使用利益相关者的语言来搭建桥梁。

特拉循环确定了可能提供资金的五个核心利益相关者：

（1）为回收废物提供资金的消费品品牌（如高露洁、欧莱雅）；

（2）像塔吉特和欧迪办公这样的零售商，它们分别收集汽车座椅和旧活页夹等物品；

（3）经营香烟或口香糖回收平台的城市，如新奥尔良和温哥华；

（4）有意实现零浪费的生产设施商；

（5）可以通过购买"零垃圾"箱回收混合废物的小型工作室和个人。

对于每个利益相关者群体，宣传必须是不同的。特拉循环必须对信息进行调整，强调回收如何使特定的合作伙伴受益。"所以，如果是一个零售商，项目将如何帮助它销售更多的东西；如果是一家消费品公司，项目将如何帮助它打败竞争对手；如果是一个城市，项目将如何帮助它获得更多的旅游收入或税收？"萨奇说，"如果你以这种模式来构建可持续性，你将更快地到达终点线，并可能吸引更多的预算和你游说的人的长期承诺。"[36]换句话说，你需要弄清楚如何用传统的方式让你未来的合作伙伴受益。"不仅仅是说'这个人或那个公司应该付钱'，而是让他/它们愿意付费，因为这服务于他/它们的核心业务。弄清楚这一点是我们业务的关键问题。"[37]

不要试图以谋略智取潜在的合作伙伴，要激发他们的合作热情。在皮卡德为"阳光动力号"项目吸引的合作伙伴联盟中，不管结果如何，他都能利用共同利益来了解在这个过程中可以学到什么。"有几家公司告诉我，'我们不知道这是否可行，但我们想和你一起尝试，因为这将刺激内部创新……并激励我们的团队更有创新力，进入这个颠覆性过程。'"[38]

皮卡德对他项目的赞助者采取了类似方法："当你停止说服对方并开始激励对方时，你就和表示同意的那部分资助者结盟了。你刺激了这部分人，使之不再是一场斗争，而是一个联盟。在这个时刻你就会明白，为你的梦想买单的不应该是一个赞助者，而应该是一个真正有兴趣加入项目的合作伙伴。"[39]

挑战在于找到创造性的方法来桥接目标，从而获得牵引力。诞生于墨西哥的连锁主题乐园趣志家（KidZania）就是一个很好的例子。趣志家是一个室内"城市"，孩子们可以在这里扮演成年人体验工作。当创始人用光了这个概念项目的启动资金时，他们决定联系包括 DHL、雀巢和汇丰银行在内的企业赞助商。他们不仅要求资金支持，还利用赞助商的特定行业知识来帮助设计活动和基础设施，使其能够带来更现实的体验[40]。这一概念立即引起了轰动。两年内，乐园吸引的游客人数是最初预测的两倍[41]。自那以后，趣志家已成为世界上儿童体验式学习领域增长最快的乐园。现在，趣志家在五大洲的 19 个国家拥有 24 个乐园，另有 12 个正在建设中[42]。

联合创始人兼首席执行官、通用电气资本前副总裁泽维尔·洛佩兹·安科纳（Xavier López Ancona）说："商业模式是基于多赢的方案：我们的客户是儿童；对孩子的父母，我们通过强化价值观来帮助他们；对学校也是同理；对商场来说，我们为其增加了与众不同的吸引力；

对赞助的品牌来说，这是一种接近客户的方式；对工作团队来说也是如此；当然，对投资者也是一笔好交易……每方都是赢家。"[43] 趣志家成功地将赞助者变成了合作伙伴和共同创造者。

三词地址的联合创始人谢尔德里克也谈到了与潜在的合作伙伴和投资者进行公开对话："不要过度宣传某些东西，而是要非常直白地说——'这就是我们正在做的，我们真的致力于此，我们相信我们能做到，你想和我们一起吗？'你必须摆脱我们是我们、他们是他们的心态。"[44]

"赞助商"、"供应商"和"零售商"这些标签往往会限制你对合作伙伴的期望，以及你认为你能为他们提供的回报。这些标签助长的是互相利用而不是协同的心态。

抓住意想不到的机会

除了与非传统的合作伙伴建立联系，你还需要利用意想不到的机会。与实施不同，导航有时需要即兴发挥和大胆行动，而不仅仅是执行。你甚至可能不得不放弃对解决方案的完全掌控。

在墨西哥的两个趣志家乐园取得成功后，趣志家两位创始人开始把目光投向国际扩张。然而，他们在是否从邻国美国开始的问题上存在分歧。结果，他们分道扬镳了。路易斯·贾维尔·拉雷斯戈蒂（Luis Javier Laresgoiti）把自己的股份卖给了洛佩兹，并搬到佛罗里达州创办了理想城（Wannado City），这是一个与趣志家类似的主题乐园，但规模是它的三倍。洛佩兹更认真地听取了几位专家的建议，他们建议他推迟进入美国市场，其中一位是星巴克的霍华德·舒尔茨（Howard

Schultz）。"首先，在墨西哥发展你的品牌，然后在另一个市场试水……
然后去下一个，"舒尔茨告诫道，"在美国发展得太快可能会让你走向
崩溃。"[45] 就在洛佩兹制订一项向海外扩张的特许经营计划时，一位
日本企业家对这个项目产生了兴趣。三个月内，该公司签署了在东京
建立第一家特许经营店的合同。

对于一家墨西哥公司来说，这个举动非同一般。那些没有向美国
扩张的公司通常会向南进军中美洲，或者可能会进军西班牙。趣志家
是继水泥巨头西麦斯（Cemex）之后第二个在日本投资的墨西哥集团。
但是洛佩兹意识到日本拥有巨大的市场，这个国家也被其他亚洲国家
视为潮流的引领者："我们必须去城市集中的地方，而60%的人口在亚
洲。"[46] 事实证明这是一个精明的举动。东京乐园第一年的游客人数
是墨西哥乐园的两倍多。[47]

在继续管理墨西哥市场的两个以及后来的三个乐园的同时，洛佩
兹创建了一个单独的部门来管理连锁乐园，并在亚洲主要城市追求快
速增长。此外，在雅加达、首尔、吉隆坡、曼谷、孟买、科威特、开罗、
伊斯坦布尔、吉达、里斯本和伦敦也开设了特许经营店。与当地运营
商和国际合作伙伴的合作，使趣志家显然成为一个可以跨越国界和文
化的商业概念。

为了使特许经营模式发挥作用，洛佩兹强调了"记录业务、做手册、
了解行业、寻找适当的合作伙伴和地区"的重要性[48]。洛佩兹本人也
注重为这个概念寻找适当的合作伙伴和地区。他坚持在当地的知名公
司和全球公司中精心挑选合作伙伴，这些伙伴与趣志家共同致力于寓
教于乐。乐园总是设在重要的商场内（因为人们喜欢在那里避雨或乘

凉），并设在居民超过 500 万的城市（因为那里有企业总部、交通状况良好）。他还将目标锁定在竞争对手较少的城市（因为那里有大量需要满足的需求）。这使公司能够在继续向世界各地扩张的过程中建立自己的竞争力。

如今，该公司正在向美国市场扩张。洛佩兹的前合作伙伴在美国建立的理想城，由于财务问题和缺少业务，于 2011 年关闭。相比之下，洛佩兹在娱乐行业开辟了一个新的利基市场，即所谓寓教于乐的领域。他明白：趣志家不是一个像迪士尼乐园那样的游乐园，而是一个靠近社区、孩子们可能会反复光顾的地方。

回顾舒尔茨早前提出的——在瞄准美国之前在墨西哥以外建立成功的特许经营店的建议，洛佩兹笑了。"这是个相当好的建议。"[49] 趣志家的案例为"外星思考者"的导航提供了两个关键的教训：（1）准备好随机应变；（2）准备好放手成长。在趣志家，随机应变包括抓住机会去有活力的地方，寻找热切的合作伙伴，也就是从日本开始。放手成长也就是要求洛佩兹选择特许经营模式，而不是试图完全控制国际乐园的运营。

在特拉循环，萨奇寻求自然发展，抓住自然出现的机会，而不是逆水行舟。在谈到他的扩张战略时，他说："就是伺机而动，寻找有意思的地方。因此，我们在中国的目标是回收口腔护理产品和化妆品，但也可以是任何东西。这才是真正有机遇、能有兴趣找到资助解决方案的地方。"[50]

当谈到让渡控制权时，他指出："特拉循环业务模式在收集和重新利用我们以前从未处理过的材料方面是非常独特的。然而，我们在业务模式、目标、使命和产品创造方式方面一直保持着灵活性。我们已经从制造模式转向授权模式，这有助于特拉循环盈利。我认为灵活性是任何年轻企业成功的关键，它们不能害怕改变和调整。"[51]

回顾特拉循环的早期历史，萨奇强调了导航工作的必要性："对如何将特拉循环发展到今天的地位进行预测或计划是不可能的。关键是在寻找机会时要时刻保持警惕。如果这些机会符合我们的核心任务，就随时准备抓住机会，甚至是在还没有进行深思熟虑之前。"[52]

数字化导航

数字仪器和渠道可以提高"外星思考者"的导航能力，就像皮萨帕蒂将他发明可食用餐具的故事传播开来时，他所做的那样（见第二章）。此外，数字仪器和渠道还能让"外星思考者"更快地理解环境，降低被突袭的概率。

数字技术还可以提供发展新的商业模式和与非传统盟友联系的机会，使突破性解决方案引起关注并顺利发展。回想一下弗兰德森是如何利用数字技术为滤水器获得最初的资金来源——碳信用额度的。该公司向肯尼亚的现场检验专员发放了智能手机，并与他们合作开发了一个应用程序，让他们可以对装置进行拍照，记录受益人的姓名、家庭成员人数以及 GPS 坐标。这些数据允许独立审计人员核实提交的信息，这样公司就可以获得碳信用额度。

显然，数字技术在规模经营方面提供了巨大的推动力，同时也是一种持续改进解决方案质量和营销的手段。例如，趣志家的一家墨西哥分店推出了一项创新举措，为那些感兴趣的人提供了数字护照，上面有照片和出生日期，每一本护照都要在完成一项活动后才能盖章。这些护照向洛佩兹和他的团队详细反馈了儿童的兴趣和偏好——哪些活动最适合哪些受众——并帮助该公司改善针对儿童监护人的营销。[53]

危机短信热线（Crisis Text Line）是一家通过短信和社交媒体向青少年弱势群体提供咨询服务的非营利组织。该组织推出了一个名为"危机趋势"（Crisis Trends）的附属网站，研究人员、公共卫生机构和普通公众可以免费获得匿名汇总的数据。该组织没有囤积或出售这些数据，而是选择利用这些数据，吸引世界一流的机器学习研究人员和数据应用专家，以积极改善人群心理健康，从而让世界变得更安全。该组织内部不具备通过数据导航产生见解从而采取行动的能力，于是邀请其他人一起合作。

过度自信的矫正方法

正如我们之前提到的，"外星思考者"面临两个常见的障碍。首先，他们倾向于高估自己突破性想法的力量。其次，他们往往低估了自己将面临的阻力。在想法得以生存和发展之前，需要克服这些障碍，数字工具和技术可以在这两方面提供帮助。

过度自信往往源于缺乏外部反馈。我们越沉浸在自己的想法中，就越相信这些想法的价值。数字工具可以通过从更广泛的潜在客户那里更快收到反馈，从而解决过度自信的问题。总部位于巴塞罗那的Ideafoster是一家咨询公司，通过脸书向真人提供突破性想法的快速测试。该公司推出一个想法，比如一个产品原型或新的商业概念，然后在脸书上创建多个广告，以彼此之间稍显不同的方式宣传这个想法。这些广告通过脸书的分析来测试不同利益相关者的资料。例如，广告可以设计成吸引 30 ～ 35 岁已婚生子、居住在伦敦的职业女性。然后，这些广告会在符合这些资料的数千名脸书用户中进行测试。当用户点击一个广告时，他们会被导向一个呈现新概念的登录页面。公司很快就能收到反馈并进行分析，通常在 24 小时之内完成。这样的反馈不仅可以用于改进产品，还可以用于在组织内"销售"解决方案。

　　Ideafoster 和类似的公司为突破性想法提供了快速、规模化的反馈机制。然而，它们并不是在线收集反馈的唯一方式。问答网站如 Quora、Ask 和 Answers.com 也可以提供特定问题的答案。这些网站的优点是会有真人给出具体详细的、往往是非常诚实的反馈，而且大多是免费的。这些问题可能集中于突破性想法本身——比如想法的优缺点——或者它如何能被机构的利益相关者接受。

　　例如，一个处理旅行收据的新方法可能会让会计员和审计员思考这样的问题："如果有人向你提出这个新的想法，你会如何反应？"当你从朋友和同事圈子之外的匿名批评者那里征求答案时，你更有可能得到直率和诚实的反馈。

　　在线反馈可以让以前看不见的问题变得明显。例如，优步（Uber）在东南亚发展举步维艰，部分原因是优步未能提供现金支付服务。优步没有现金支付服务这件事在西方国家被认为是一个关键的优势，但在信用卡和其他支付方式不那么普及的地区，却成了一种负担。Grab 和 Gojek 等当地竞争对手迅速满足了这一需求[54]。优步如果在东南亚市场对其理念进行了在线测试，可能会更快意识到提供现金支付服务的重要性，尽管这不符合优步的全球标准。

来自外部的各种利益相关者的快速在线反馈，为"外星思考者"提供了强有力的真实反馈，从而避免他们对自己的产品过于自信。

克服阻力

为了克服对你想法的阻力，可以考虑实施以下四种数字策略中的某一种或全部。

利用数字化炒作

目前，全世界都对数字化颠覆和转型有着浓厚的兴趣。人们浏览新闻网站、阅读贸易杂志或参加行业会议时，很难不把重点放在数字化上。事实上，在大多数经济领域，人们对数字化话题有着高度的兴趣，对数字化颠覆的影响也越来越担忧。研究告诉我们，创造紧迫感是克服任何变革举措所面临阻力的关键步骤[55]。

作为一名"外星思考者"，你可以利用人们对数字化的高度关注使更多人对你的想法感兴趣。给你的想法加上数字化的外衣可以帮助它获得必要的可信度，从而得到组织的认真对待。这并不是说你应该歪曲一个想法，只是说你可以利用某些问题的战略优先级（在这种情况下，许多组织对数字化高度关注）来发挥你的优势。

病毒式营销

阻力通常以一种非常具体的形式出现：要求验证。这种对证明的需求给"外星思考者"带来了一个问题，因为从定义上讲，新的想法还不够成熟，无法得到很多外部验证。幸运的是，网络世界可以提供快速验证——这既可以用来减少过度自信，又可以用来克服阻力。

　　病毒式营销可以提高新想法的影响力。例如，宝洁多年来一直努力升级欧仕派（Old Spice）的品牌形象，但没有什么能改变该产品是"我爷爷用的须后水"的形象[56]。一系列重塑品牌形象的尝试都以失败告终。直到 2010 年，广告公司韦柯（Wieden+Kennedy）发起了一场名为"让你的男人满满都是男人味"的广告宣传活动。活动成功的关键原因是，活动针对的是女性（经常购买该产品的人），而不是男性（使用该产品的人）。具有讽刺意味的是，两年后，当一个新的竞争对手—美元剃须俱乐部（Dollar Shave Club）针对宝洁旗下的吉列品牌发起病毒式营销活动时，宝洁的形势发生了逆转[57]。病毒式营销可以用来有效地向持怀疑态度的高管证明应该支持突破性解决方案。

　　心理统计学

　　心理统计学提供了一种新的市场细分方法。心理统计学不是按年龄、性别、社会经济地位等人口统计学因素来细分市场，而是按性格特征来细分市场。正因为如此，你传递的信息可以根据接收方的性格特征进行调整。数字工具提供了一种新的方法来测量性格特征，而不依赖于进行性格测试的传统方法。

　　心理统计学可以成为对抗阻力的有力武器。赛尚在推销数码相机这个理念时遇到了困难，部分原因是"无胶片摄影"这个概念让公司的许多主要决策者感到不满。如果赛尚有机会了解这些高管的性格特征，他就可以相应地修改他的推销方式。一些高管可能会因无胶片摄影的想法而受到鼓舞（尽管其他人仍然会感到胆战心惊）。

　　分析公司 PatientBond 开发了一种解决方案，通过利用不同性格特征对不同信息反应不一这个事实，来提高流感疫苗的接种率。例如，"自我成就者"（占样本的 24%）倾向于对强调目标和成就的信息做出反应，比如这样的话："接种流感疫苗是你保持健康和实现健康目标的一个关键。"相比之下，另一个心理类型的人群——"接受指导者"（占样本的 13%）倾向于对以下信息做出更积极的反应："请注射这种流感疫苗，因为医学专家强烈建议通过注射疫苗来保持健康。"

如果你能优先评估所要说服对象的性格特征，再调整信息，克服阻力的可能性会大大增大。

反向指导

2016 年，世界上最大的行李箱和手提包零售商之一维拉布拉德利（Vera Bradley）展开了一项针对女性顾客的社交媒体活动。活动宗旨是宣扬为女性身份而自豪，包含了这样一些信息，如"用一束鲜花犒劳自己"和"你需要且不仅仅需要拥有五种色号的口红"，鼓励顾客在推特、脸书、照片墙和品趣志（Pinterest）上用"# 成为女孩真好 #"（#itsgoodtobeagirl#）的标签发送所有关于女性物品的信息。

这种方法新颖大胆、独具创意，却以惨败收场[58]。

女性，尤其是该公司垂涎的年轻千禧一代，非但不觉得自己得到了赞美和赋权，反而认为这一活动是傲慢和过时的。维拉布拉德利的各个社交媒体平台受到了狂轰乱炸，充斥着像"你们的活动是对 50 年代家庭主妇的宣传"、"忘记男女收入差距、成体系的性别歧视和性骚扰吧。没关系，反正我们有 5 种不同色号的口红"这样的言论。

销量下降了。

几乎所有 30 岁以下的人都会告诉维拉布拉德利公司，这次活动将会碰壁。在大多数 20 多岁的年轻人看来，任何挑明性别差异的行为都是厌女、傲慢和不合适的。维拉布拉德利公司的人怎么会不知道呢？简而言之，他们没有问对人。

解决这个问题的一个有前途的方法是反向指导。反向指导的概念很简单：就是把传统的指导颠倒过来。不是由经验丰富的高管指导年轻人才，而是由年轻人才指导高管。启动这样一个项目可能会让一些高管接受你的新想法。

在 2019 年《哈佛商业评论》的一篇文章中，瑞士洛桑国际管理发展学院（IMD）教授詹妮弗·乔丹（Jennifer Jordan）和麦克·索雷尔（Michael Sorell）描述了纽约梅隆银行（BNY Mellon）的潘兴分行在吸引和留住新一代精通数字技术的员工方面面临的挑战[59]。它的部分问题在于，银行的领导人对数字工具和技术知之甚少或缺乏兴趣。该银行决定设立一个反向指导项目，将领导团队成员与挑选出来的年轻员工进行配对。结果是，该银行的首席执行官和他年轻的导师发起了一系列炉边谈话，以加强他与员工的联系。另一位高级领导人在社交媒体上变得非常活跃，从一个不支持数字技术的人转变为银行在不同渠道［如领英（LinkedIn）和推特］上的关键形象代言人。

发挥"外星人"思维的作用

重启罗技

罗技公司（Logitech）于 1981 年在瑞士成立，在 21 世纪初是一家广为人知的考究的计算机配件开发商，这些配件包括鼠标、键盘、扬声器、网络摄像头、耳机和游戏设备——这些产品极易商品化，这使得持续创新成为公司生存之道。

事实证明，用巧妙的设备包围个人电脑是一项成功的策略。罗技的收入和利润连续 39 个季度保持两位数增长。然而在 2009 年末，随着苹果平板电脑 iPad 的推出，一切都变了。平板电脑暴露出罗技完全依赖于正在放缓且即将衰落的个人电脑业务。在推出新的增长引擎的举措失败三年后，罗技请来了一位外部人士——布拉肯·达雷尔（Bracken Darrell），负责新产品类别的推广。

他首先邀请罗技的全体员工发言，而他在一旁倾听。通过这些早期的讨论，可以清楚看到罗技在提出突破性概念方面没有问题。但在组织内部，引导颠覆性想法仍然是一个挑战。即使是在一家致力于创新的公司，好的想法有时也会因为内部机制而陷入困境或被拖垮。

我们会见了达雷尔，同他讨论如何找出这些阻碍因素，帮助他保护这些脆弱但有前景的想法[60]。

组织引力

达雷尔认为，激进想法的最大威胁是组织引力的拖累："任何激进的想法如果进入一个既定组织的轨道，都会被拉下来。"公司的传统、独特的能力，以及强烈的"我们这里是这样做事"的意识，使公司很难在新的方向上起飞。罗技传统上关注的是硬件和设备。

达雷尔回顾了一个例子，一位创业者发明了一款应用程序，并被招募去开发新的软件和服务产品。但这位新人没有创造出新的体验，而是屈服于主导模式，开发了一个硬件。"这个故事是为了向你展示组织引力是多么强大，"达雷尔说，"它把所有人都吸进去了。"

罗技引力强大的另一个表现是功能、业务和地区之间的摩擦。它可能是市场营销部门拒绝利用工程师收集的客户意见[61]，或者是领先市场的子公司对为"不太成熟"的市场开发的成功产品的抵制。"可能会有一种无法言说的障碍造成阻力，"罗技创意和生产总监戴尔芬·多恩－克罗克（Delphine Donne-Crock）指出："人们认为，如果不是来自他们团队的发明，就没有那么好。"[62] 非我发明症 ① 显然既适用于内部，也适用于外部。

事实证明，阻碍他们的不仅是操控战略方向和资金的老板与负责人，还包括那些不能想当然地认可的同事。此外，有抱负的创新者往往没有能力对抗阻力或找到他们在组织迷宫中的出路。"要弄清该和谁谈已经是一个巨大的障碍了，"多恩－克罗克说，"如果有人带着一个不错的点子来找你，而这个点子与你的领域没有关系，就像是'好吧，这与我的优先事项或目标有什么关系呢？'"

在其他情况下，优秀的创意会因为颠覆者在推销中专注于错误的论点而灭失。"人们在第一次尝试说什么的时候会感到困惑，"多恩－克罗克说，"他们要么过多地谈论技术本身，要么过多地谈论技术的潜在收益。但大多数时候，人们对用户体验谈论得不够多。有时，创新者所描述的'很酷的体验'并不适合目标用户。"

---

① 非我发明症指某个团队拒绝使用不是自己创造的技术，这被公认为典型的管理问题。——译者注

操纵更好的导航

久而久之，达雷尔琢磨出三种方式来应对这些挑战。

模拟创业

为了减轻组织重力、庞大的产品帝国和职能孤岛 ① 的影响，达雷尔重组了公司。

他坚信一家经营良好的初创企业是设计的最佳单位和创新的源泉，于是开始将组织分解成更小的实体。"我加入的时候，我们确实有两个大的业务组，"他回忆说，"今天，我们有 27 个不同的人在管理不同业务。"他把结构从大块头转变为小团队的聚合，每个团队都紧紧围绕一个目标人群。达雷尔称这种方法为"小型化"，目的是使罗技更像一个小公司、一支由小型快速船只组成的船队，而不再是一艘战舰，以便对机会和干扰快速做出反应。

达雷尔还赋予了他的"初创企业"更多自主权，让那些无法获得内部支持的颠覆者更容易与外部合作伙伴合作。他坚决拥护向外界寻求帮助的权利。向外界寻求帮助曾经是一个例外，现在则是合理的选择——特别是当内部没有能力或资源时，或者当外部合作伙伴愿意为企业发展提供资金以换取收入分成时。

灌输共同焦点

罗技的传统是把设计外包给其他公司。2013 年，达雷尔的第一个决定是重新分配一大笔研发资金，由 150 名员工组成公司内部的设计团队。为了领导这个团队，达雷尔聘请了诺基亚前首席设计师阿拉斯泰尔·柯

---

① 职能孤岛指的是企业内部各部门的职责独立所形成的包围圈，即孤岛，孤岛与孤岛之间很少发生联系。——译者注

蒂斯（Alastair Curtis）——他曾将手机从一种工具变为一种很酷的配饰。

　　将设计作为业务的主要驱动力，有助于减少工程部门和营销部门这两大传统巨头之间的地盘之争。最初的影响体现在新产品开发上，罗技开始系统地将设计、工程和营销的代表纳入每个创新团队。正如多恩－克罗克解释的那样："他们都需要思考什么是我们可以提供的最佳体验，他们都可以用各自的专业知识来挑战对方。"

　　为了避免错误的假设导致创新受阻，多恩－克罗克强调了"以人为本"的原则。"不仅仅在营销上需要了解消费者。即便是有了一个好点子的工程师，也需要花时间去弄清楚为什么这个点子对消费者很重要，以及消费者是如何知道这个点子很重要。"每个人都需要带着数据。

　　指导颠覆者

　　为了让他们的创意获得牵引力，创新者必须找到合适的倡导者，并清楚地向他们说明为什么消费者需要这些创意。

　　在罗技，帮助颠覆者接触倡导者首先要从高层做起。为了让创新者更容易找到合适的接洽人，达雷尔想方设法让自己平易近人，并鼓励高层团队中的其他人也这样做。"我所擅长的一件事就是与人沟通，倾听他们早期的想法。柯蒂斯也是如此。我们俩有点像海绵，不断地吸收各种想法。之后，也许只有 1/5 或 1/10 的想法能进入下一个阶段。但至少它们被听到了。"

　　帮助颠覆者为他们的想法获得关注也是多恩－克罗克所关注的问题。她提出了一系列基本问题，用以指导颠覆者进行推介："这是一种新的使用方式吗？这是一种新的体验吗？这是面向新用户吗？这是一种新的商业模式吗？那我属于哪一类呢？这是关于游戏的吗？这是关于视频协作的吗？这是与工作效率有关吗？如果你不能回答某些非常具体的问题，你就会迷失方向，在原地打转。"她建议颠覆者针对不同受众制定不同的宣传方案，而不是对所有人都用同一套展示方法。

导航是一种能力

达雷尔对罗技的重新设计花了一些时间才获得了市场吸引力。但到 2020 年，罗技的利润水平比他上任的第一年（2013 年）高出了 5 倍，股价也上涨了 7 倍。该公司成功地完成了从 PC 平台到云平台的转型，同时还将产品组合扩展到新的领域。

达雷尔用他的"外星人"视角来质疑组织内部对不同意见产生的障碍。他意识到，新领域的创新举措需要更多自主权和不同的绩效衡量标准，也需要更多关注："你必须根据它们的规模给予比它们应得的还要多的关注，或者根据它们的潜力给予它们更多的关注。因为你从它们那里学到的东西比它们从你那里学到的要多。"

在这个过程中，达雷尔加强了罗技的导航能力，使其现在能够更好地将不同的想法——不仅是内部的想法，还有外部的想法——进行商业化。正如他所言："初创公司经常像小昆虫一样碰壁，我们要做的是赶在它们消失之前把它们挖掘出来，带进我们的公司，让它们恢复健康，把它们变得与众不同。"

◼ 要点总结 ────────────────────────────

- 导航是为了应对外部环境，并适应那些可能决定你的解决方案的成败的力量。

- 如果没有关键决策者的支持，你的解决方案可能无法在与机构、投资者或行业伙伴接触时存活下来。赛尚在柯达的经历证明，成功需要的不仅仅是一个突破性模型。

- 谈到导航，创新者经常会用两种方式欺骗自己：首先，他们高估了他们的创新方案为自己说话和凭借自身优点取得成功的能力。其次，他们往往低估了自己将面临的阻力。

- 革命性产品很容易受到未预见到或无法预见到的外部力量的打击。但对创新者来说，最令人震惊的往往是来自组织内部的反对，他们明明可以从突破中获益最多。

- 采用"外星人"思维，可以帮助你思考如何管理风险和获得牵引力。

- 导航策略可以拆解为两个组成部分：生存的需要和蓬勃发展的需要。

- 为了安全航行，"外星思考者"会寻找摩擦的来源，并以两种方式努力化解摩擦：一是通过伪装来避免被发现和被下负面结论，尤其是当项目处在早期阶段时；二是让你在遭受批判和反对时受到的伤害最小。

- 减少被攻击的一种方法是强调你的项目与过去的联系。另一种方法是强调这个想法如何与组织的核心价值和目标一致。

- 因为你无法预测和规避每一个威胁，所以你必须适应——就像 Owlet 的创始人在遇到医院管理者和美国食品和药物管理局的反对后所做的那样。

- 要想蓬勃发展，你需要找到能帮助你的想法获得牵引力的积极力量。你还需要找到利用这些力量的独创方式，以确保每个人都能受益——就像特拉循环将注意力转移到所有未开发的垃圾上那样。

- 抓住意想不到和被忽视的机会也能让你蓬勃发展。趣志家的联合创始人洛佩兹就是如此，他决定先进军亚洲市场，然后进军美国市场。

- 当情理之中的合作伙伴拒绝你时，"外星人"思维会帮助你找到其他合作候选人。当皮卡德发现航空业对支持他制造太阳能飞机毫无兴趣之后，他转而求助于游艇建造商。

◉ 问问自己

1. 什么力量可以促成或破坏你的解决方案？

2. 你的解决方案可能极富创意和前景，但你是否意识到它可能会在组织内外侵占别人的地盘？你知道这会产生多大的摩擦吗？

3. 为了让你的颠覆性想法不那么具有威胁性，你有没有办法把它和公司过去的传统联系起来？你能否说明在实现与关键利益相关者高度相关的使命方面，你的想法可提供什么帮助？

4. 回想一下你未能让关键决策者支持你的事业的时刻。你是否可以总结出一些经验，以指导你的下一个创新项目被人接受？

5. 如果你的想法遇到内部阻力，你有备用计划吗？你能预知多条道路，直到你最终宣告胜利吗？

◉ 数字化方面

1. 你能使用在线服务（如 Ideafoster）来测试人们的反应并获得人

们对新想法的反馈吗？

2. 你能利用数据来帮你形成论点，让利益相关者相信你想法的力量吗？

3. 你是否曾在 Quora 或 Reddit 等网站上就你的想法寻求建议？

4. 你是否使用过合作网络，例如企业合作网络或社交媒体，来推广你的想法并使之被社会接纳呢？

5. 你是否尝试过用病毒式营销来宣传你的想法？

6. 你是否曾利用心理统计学来影响关键的利益相关者，让他们了解你想法的力量呢？

7. 你有没有尝试过实施反向指导，让高层领导更精通数字技术？

第七章
"外星人" 思维框架的运用

"外星人"思维不是你在特定的时间、特定的空间，用明确的规则和固定的道具（如白板和便利贴等）所做的事情。它不是一套噱头，而是一种心态的转变，以实现创造力，并将想法转化为解决方案。当你遇到障碍时，你可以随时借助"外星人"思维策略。这是你在需要时可以随时使用的东西。

当然，要使用一种难以记住的创新框架是很困难的，因此"外星人"思维框架是从两个方面构想的：一是作为目标，二是作为方法。

首先，"外星人"这个比喻是一个实用的提醒，提醒我们产生和拓展原创想法所需的心态。它综合了好奇心、警觉性、质疑、探索和学习，这些都与一种创造性状态以及在新奇的环境中发现自我有关。"外星人"这个词象征着从一个全新的角度来探索问题和机遇，不是作为专家，而是作为一个探索者，并表现出对事实的尊重，以及对所谓的"知识"的不屑。

其次，"外星人"（A.L.I.E.N）作为一个缩写，可以帮助你记住创新过程中的五个核心挑战。前几章依次集中探讨了每个挑战，展示了这些策略如何帮助你对抗正统思维、提高创新能力。在接下来的两章中，我们将把它们放在一起探讨，并说明它们是如何相互补充的。

航运业是一个典型的被"外星人"思维彻底改变的传统领域，为突破性解决方案的五个关键点提供了有益的说明。

框内思考和框外思考

早在 20 世纪 50 年代早期，曾是卡车司机的马尔科姆·麦克莱恩（Malcolm McLean）经营着一家非常成功的卡车公司。但他也看到了高速公路拥堵和公路运输法规造成他的业务成本增加，以及国内航运公司能够以低廉价格获得战后剩余货船给他的业务带来的风险，这些都可能会影响他的卡车业务。他的故事是我们发现的运用"外星人"思维最全面、最深思熟虑的例子之一。

关注：在把关注点放在美国海岸沿线的航运公司之后，他注意到，船只装卸数不清的板条箱、桶和袋子的时间比航行的时间还要多。

悬浮：他让思维悬浮，花时间去理解观察到的结果，并把结果与他以前的经历结合起来。他以前是一个沮丧的卡车司机，整天排着队等着在码头卸下一捆捆棉花。他得出结论：更便宜的航运与其说是需要更快的船舶，不如说是需要更智能的船舶装载方式。虽然他没有航运经验，但他猜想应该有办法改善卡车和船只之间低效的转运过程。实际上，他把竞争威胁转化为了一个潜在的机会。

想象：麦克莱恩想象建造一个码头，使他的卡车可以开上斜坡，并把拖车部分放在专门设计的船上 [1]。在一个综合运输网络中，船舶可以承担长途运输的大部分任务，卡车可以在运输的任意一端运送货物给单个客户。

实验：在尝试了这种方法后，麦克莱恩意识到每一辆拖车都将浪费大量宝贵的船上空间。所以，他转换了方向。他建议只把拖车箱而不是将车身底盘装到船上。这么做的最大优势在于，与拖车不同，车箱理论上可以堆叠，使每艘船可以运载更多的货物。进一步实验的目的是开发既结实又轻便的集装箱，这些集装箱要能够很容易地夹住和打开，并且可以堆叠和锁上。

当然，集装箱只是整块拼图的一部分。当时还没有合适的起重机和船只，所以麦克莱恩雇用了工程师和造船师来设计能够搬运重型集装箱的设备。他买了一艘老旧的油轮"理想 X 号"，并将其改装，以装载他新设计的 58 个集装箱。1956 年的试航持续了 5 天，这批货物装船仅仅花了不到 8 小时而不是几天的时间，而且每吨的成本还不到手工装船成本的 1/30。

导航：麦克莱恩之后不得不在错综复杂的社会障碍中穿行，这些障碍将发明设备的过程衬托得较为容易。为了将他的想法转化为可行的解决方案，他需要进入港口。尽管受到铁路和卡车行业的游说，麦克莱恩还是成功收购了总部位于亚拉巴马州的泛大西洋轮船公司（Pan-Atlantic Steamship Corporation），不是为了该公司的船只，而是为了在东部主要港口城市的航运和停靠权。

接下来，他需要说服这些战略枢纽的港口当局建造设有集装箱起重机的码头。他的重大突破是说服纽约新泽西港务局将新泽西港亏损的一侧用于集装箱运输。该局的董事们被他的远见深深吸引，成为港口运输集装箱化的早期支持者。

麦克莱恩还必须应对强大的码头工人工会的抵制，工会预见到货运方式向集装箱运输的转变将会削减数千个工作岗位。但最终，这些变化节省下来的巨额财政资源促成了一份份遣散协议，也重振了采用集装箱运输的港口城市的经济财富。

麦克莱恩的努力从根本上改变了历史悠久的航运业。通过开发第一种安全、可靠和具有成本效益的集装箱货物运输方法，他开创了大规模全球贸易的时代。"外星人"思维框架有助于展示一个人如何在整个创新周期中构思并推动一个想法。麦克莱恩的例子也呼应了我们在第四章中传达的信息，即创造性突破通常来自研究人员所说的"相邻领域的局外人"，这些人对问题有足够的把握，能够将他们的新视角转移到解决问题上[2]。

航运的下一个大思路

自麦克莱恩发明第一艘集装箱船以来，航运公司已经大大提高了船只的速度、尺寸和效率。但是，它们并没有改变货物的运输方式。60年来，该行业从未发生过真正的变革。目前航运领域的主导者、总部位于哥本哈根的马士基（Maersk），正在尝试改变这种状况。三年前，该公司的管理团队意识到，需要推动彻底的创新。正如其海事技术负责人保罗·托农（Paolo Tonon）所指出的："如果我们要在我们所处的商品化市场中有所作为，就需要非常规思维。"[3]

马士基的高层团队意识到，现有的方法正在产生大量的渐进性创新，而牺牲了可能会产生更大影响的初期想法。马士基迫切需要进行自我变革。尽管对成熟的在位者和外部创业者来说，挑战的重点有所不同，但"外星人"思维框架对两者都适用。

成熟的在位者可能有足够的影响力和资源去广泛地审视、自创或获取点子，彻底地进行实验，并克服障碍。然而，他们常常难以看清世界的本来面目，也难以想象如何彻底背离自己的商业模式。

受到现有世界观的限制，他们很难以非同寻常的方式进行思考，很难认同自己身边的点子，尤其是当这些点子来自边缘地带或需要跨领域合作时。一旦企业的免疫系统启动，好的点子就会被内部政治所扼杀。好的点子还会被一些程序所扼杀，这些程序通过将好的点子与业务案例更清晰、回报期限更短的提案进行比较，使好的点子看起来似乎不怎么样。

这不仅仅是马士基的问题。工程学教授弗里多·斯马尔德斯（Frido Smulders）正与联合利华（Unilever）合作，以改善联合利华的研发。他指出："联合利华实际上非常擅长创新。问题是，多年来，创新过程已经变得可预测。创新与一定程度的不可预测性有关——创新是冒险的、具有破坏性的。但是，这种创新并没有通过所有的标准，比如门径式关卡，就像目前联合利华所存在的那样。联合利华希望改变这种状况，以便为颠覆性创新创造更多空间。"[4]

这是许多领域的主导者面临的共同问题。在某些方面，你的组织越大，你的世界就越小。

马士基的创新产出被自身的体系扼杀了。为了克服这些机能障碍，增强突破性思维，马士基本质上运用了"外星人"思维来修正创新过程。

关注：为了加强关注，马士基修订了集团创新委员会（GIP）的职责，将重点转移到早期想法上，并强调在企业内外寻找点子的重要性。创新委员会与执行委员会密切合作，每两个月召开一次会议，确定各项举措的优先次序，并将支出分配给最具战略意义的项目。

悬浮：为了促进悬浮，马士基组织了一个年度创新研讨会，以激发对创新本身的思考。它还创建了由 20 个成员组成的"创意社区"负责的研讨会，以分享怎样行动才能更好地产生、提炼和培育新点子。

想象：为了激发想象力，马士基成立了一个创新服务团队，协调各业务部门的创新团队，并根据需要向他们提供集团内外的专业知识。公司还建立了一个网站，让员工分享关于不同创新主题的想法。开始举办长达 48 小时的黑客马拉松，向外部开放并提供奖金，以激发能够改变现有规则的创意[5]。

实验：为了便于实验，马士基给创新委员会提供了 1 000 万美元的预算，以测试和验证那些难以与日常运营一起管理、需要较长投资回报期的想法。马士基还与硅谷的加速器公司（Plug and Play Center）和哥本哈根的加速器公司（Accelerace）合作，以与那些可能希望与马士基合作开展试点项目的初创企业建立联系。

导航：为了优化导航过程，马士基投资创建了一个工具箱，以改善其跨业务线和与初创企业的合作。该公司任命了一名创新组合负责人——安内利·巴托尔迪（Anneli Bartholdy）来促进合作。她解释道："与（合作伙伴）初创企业相比，我们的工作文化、工作速度和行政程序都非常不同……所以我们要弄清楚你需要有什么样的组织结构，你如何促成和支持这类活动，并以不同的方式工作，无论是与初创企业合作，还是与我们习惯的不同类型的项目合作。"[6]

修改后的创新体系的一个早期成果成了头条新闻：当时，马士基正在使用无人机向海上的一艘油轮运送一桶饼干。这是对更宏大的想法的第一次测试。

由造船商、造船师和来自海洋行业以外的创新者（包括火箭制造商）组成的多样化团体接受了挑战，他们开始设想集装箱航运的未来。他们提出了建立一艘"永不停靠的船"的概念[7]。这是一种无人驾驶、由无线电控制的船，它停留在海上，由无人机从船上抓取集装箱并把它们安全地放到岸上。

这个激进的观点对船只进港的必要性提出了质疑。[顺便说一下，这是"机会"（opportunity）一词的真正来源。拉丁语 ob portu 描述的是使帆船安全进入港口所需的合适的风向和潮汐条件。] 恰巧，马士基团队通过忽略一个基本假设找到了机会。

与麦克莱恩一样，马士基团队考虑的是如何将货物从 A 地运输到 B 地，而不是专注于运输方式。这个思路可能会极大地改变整个行业，但就目前而言，它仍然只是一个有趣的想法。就像麦克莱恩的集装箱航运的想法一样，在这个概念成为解决方案之前，需要更多的"外星人"思维，特别是在实验和导航方面。

对"悬浮"和"导航"的低估

通过深入挖掘多个案例的背景故事、解析变革者开发突破性解决方案的过程，我们注意到，现有的创新框架在如何描述创新上与"外星人"思维框架有两个关键区别。这些模型系统性地低估了创新过程中被我们称为"悬浮"和"导航"的两个方面。前者的缺失是显而易见的，后者则被曲解为仅仅是一种形式。

我们回到集装箱航运的例子中来说明这一点。

悬浮

现有的创新框架忽略了给自己一个空间（或暂停一下），从而找到意想不到的方式来处理和综合不同信息的重要性。

在一个快节奏的世界里，愿意后退一步、停下来、重新思考和形成新的知识储备变得更加重要。与那些急于求成的竞争对手相比，悬浮提供了一种竞争优势。

在创造的过程中，你需要周期性地从活动中退出休息一下，以恢复你的理解力——这是为了理解你所注意到的线索，以及有时候让你的潜意识继续工作。停顿之于创新，就像睡眠之于身体和大脑一样[8]。无论是个人还是集体，你都必须将自己抽离出去反思你在创新什么，以及如何创新。同样，悬浮是引导其他四种策略并促使它们进行切换的引擎。

反思的举措在大多数模型中是隐含的，但我们认为它需要在模型中被明确。1926 年，反思作为"孵化"的一部分被纳入格雷厄姆·华莱斯（Graham Wallas）具有开创性的创造力模型中，但最近的模型更倾向于强调速度和行动,忽略了故意拖延和无意识过程的作用。"构建—测量—学习"这个疯狂循环的问题在于几乎没有留下反思的空间来让你巩固知识、了解全局。

阿德里亚、皮萨帕蒂和赖希勒等人的例子表明，获得视角是创新过程中的关键步骤。在关键时刻，这些创新者都会后退一步，让情感、思想或信息完全被理解，弄清楚这些东西意味着什么或者可能意味着什么。

以麦克莱恩为例。他第一次注意到航运业的低效率是在 1937 年，当时他只是一个排队卸货的卡车司机。他那具有突破性的想法酝酿了 18 年才最终付诸实施。这是第四章中提到的另一个慢直觉[①]的例子。这些信息经过了很长时间才慢慢渗透，并与其他数据点结合起来，最终凝结成了一个理念。

在这期间，他吸收了很多东西。他建立了实验的手段和可以获得银行贷款的信誉，增加了信心、技能和经验，这些使他能够从整体的角度看待航运业，并认识到其效率低下的原因。在此期间，他还了解了所有运输业务的基本经济学原理，包括车辆只有在行驶中才能赚钱的原则。当他再次关注航运业时，他的经历改变了他对整个运输系统的看法和理解力，不仅仅是看到不同运输方式之间低效的转换。

在不提倡进行无尽反思的情况下，我们觉得有必要强调这个在创新中被忽视的方面。悬浮可以让你重新把握住想法产生之前的机会——找出根本原因，而不仅仅是表象。

要产生真正的影响，你需要后退一步，看看你发现的是重大的战

---

① "慢直觉"可以说是"顿悟时刻"的反面，指的是一个想法经过漫长的时间才逐渐形成，而不是在很短的时间内骤然出现。——译者注

略机遇,还是仅仅一小部分机遇。机遇对不同的实体和人来说是不同的,甚至对同一个人来说也是不同的。

如果你不花时间整理你的思绪,你很容易对用户信息或反馈产生过度的反应,而不明白用户真正想告诉你的是什么。你可能会陷入一个加速的旋涡中,在这个旋涡中,随波逐流的势头超过了深思熟虑,于是你过早地局限在一个狭窄的机会上,错过了更具野心的创新。

悬浮是创作过程中的关键机制,它迫使你三思而后行——质疑假设,重新对选项、不一致的数据或认知框架进行思考。没有悬浮,就不会有那种超越当前视野、需要时间酝酿的"大 I"创新①。

诺贝尔物理学奖得主弗朗索瓦·恩格勒(François Englert)在谈到他的创作灵感时说:"当我还是布鲁塞尔自由大学的教授时,我在跳蚤市场买了一个二手床垫,把它放在我的办公室……我的大部分原创性研究成果并不是来自演绎性思维,而是当我躺在这个床垫上,让我的思想自由游走时产生的。如果你用演绎法思考,你只能发现你在过程开始时怀疑的东西。用另一种方法,你释放了你无意识的大脑,使大脑最后提出了全新的想法。"[9]

当然,从数字时代的角度来看,悬浮的机会正在减少。麦克莱恩有 18 年的时间。今天,你能找到 18 分钟就已经很幸运了!腾出必要的时间变得至关重要。

---

① "大 I"创新指的是大的颠覆性创新,这种创新完全改变了企业、产品或市场动态的面貌。相比之下,"小 I"创新更多是指企业和产品的渐进式变化或改进。——译者注

导航

现有的创新框架简化了你和服务对象之间的生态系统的复杂性和利益冲突，低估了在组织内部和外部获得牵引力所需的独创性，以及忽略了在最终推向市场的过程中有时需要进行重组再造。

在这些创新框架中，一个常见的模式是，使用诸如实现、执行、扩展或启动等标签来标注最后阶段。这些术语的问题在于，它们让挑战听起来很直接——比起电光火石的瞬间更像是慢慢研磨的过程。它们暗示思考和创造的时间已经结束，现在是行动的时候了。

这种将设想解决方案和执行解决方案错误地分割开来的方式，忽略了需要创造力和聪明才智才能让你的方案获得内部认同，并以意想不到的方式吸引中间商、合作伙伴和其他利益相关者。以这种方式错误地解读挑战，会鼓励人们天真地参与到生态系统中来，暗示着一旦你有了更好的产品，剩下的就是一帆风顺了。

出于这个原因，我们更倾向于使用"导航"一词，它有助于传达一种理念：在未知领域进行谈判并引导解决方案获得成功，需要计划、机智和即兴发挥。

整个创新过程中都需要创造力。最后一个阶段提供了与其他四个阶段一样多的创造空间。这一点在麦克莱恩的例子中得到了很好的诠释。他在导航方面表现出色。

他的突破性思维并不体现在对集装箱、船舶或码头起重机进行改造上。类似的技术已经存在于铁路运输和海运的衔接上。真正的飞跃在于他全面地改造了系统。

有两个转折点特别值得强调。首先，卡车公司、航运公司和港口的需求不同，需要不同尺寸的集装箱。他所做出的一个巨大改进是，让不同的参与者就标准尺寸达成一致，这样任何集装箱都可以装在任何船只上，并由每个港口的起重机来装卸。其次，麦克莱恩决定允许航运业免费使用他公司的专利。这样，每个国家的每个集装箱都可以使用相同的部件。

这些突破为集装箱航运成为一项全球性业务扫清了障碍，其依靠的是麦克莱恩的局外人身份、他非同寻常的方法，以及他在系统内从容游走的技巧。为了让他的观点被接纳，麦克莱恩必须向不同的利益相关者表明，他"外星人"思维下的提议并不违背他们的既得利益。

"外星人"思维框架明确认可悬浮在塑造整个征程中的关键作用，以及导航在克服执行中的许多障碍时的突出作用。

◉ 要点总结

●"外星人"思维不是你在特定的时间、特定的空间，用明确的规则和固定的道具（如白板和便利贴等）所做的事情。当你遇到障碍时，你可以随时借助"外星人"思维，将想法转化为解决方案。

●麦克莱恩通过集装箱改造了航运业，他的例子说明了一个人如何在整个创新周期中构思并推动一个想法。

●对于成熟的在位者和创业者来说，"外星人"思维的挑战是不同的。在位者有足够的资源去广泛地审视、自创或获取点子，彻底地进行实验，并克服障碍。然而，他们难以想象如何彻底背离自己当前的商业模式。

- 对于成熟的企业来说，"外星人"思维有助于实现特定的突破，也可以应用于创新过程本身——就像马士基为了促进更激进的创新所做的那样。
- 现有的框架系统性地低估了创新过程中的两个方面：反思的关键作用（悬浮）和创造性导向的需求（导航）。前者的缺失是显而易见的，后者则被曲解为仅仅是一种形式——只要实施了就行了。

"外星人"策略概览见表 7-1。

表 7-1　概览——"外星人"策略

策略	目的（"为什么"）	目标（"什么"）	战术（"怎么做"）
关注			
用新的眼光看世界，感知现实的真相	避免以巧妙的办法解决一个不值得处理的问题	·理解新兴趋势 ·发现微弱的信号和异常现象 ·找到值得解决的问题	提高并质疑你的眼光 1. 要想看得更清楚 ·推近镜头 ·拉远镜头 2. 要想看到不同角度 ·转换焦点
悬浮			
后退一步以获得视野	避免对更大的问题采取狭隘的解决方法	·理解你所学到的东西 ·反思什么才是最重要的 ·重新剖析你想要解决的问题	改变你努力的方向 1. 暂停一下 ·弄清楚你的想法 ·反思你的想法 2. 休息（换个活动） ·给大脑补充氧气 ·精神上放松一下

续表

策略	目的（"为什么"）	目标（"什么"）	战术（"怎么做"）
想象			
打破常规，产生超乎寻常的想法	避免用传统方法解决复杂问题	• 质疑现状 • 要看到那些不起眼的解决方案 • 骄傲地选用其他领域的创意	想象不存在的事物 1. 释放你的想象力 • 采取一种玩乐的心态 • 对问题进行头脑风暴 2. 激活你的想象力 • 使用类比 • 组合概念
实验			
智能化测试使学习更高效、成本更低	避免对真正出现的问题采用用力过猛的解决方案	• 进行测试而不建立假设 • 探索有效方法，但要保持灵活性 • 让每一次失败都有意义	探索可选项并测试假设 1. 迎接惊喜 • 提出多个模型 • 激起极端反应 2. 接受惊喜 • 让数据说话 • 寻找想法与你不同的人
导航			
设法腾飞，避免坠落	防止伟大的解决方案无法产生影响力	• 识别具有关键价值的利益相关者 • 寻找非同寻常的合作伙伴 • 弥合利益冲突	预见并适应可能促成或破坏解决方案的各种因素 1. 生存 • 寻找摩擦 • 化解威胁 • 抵御攻击 2. 蓬勃发展 • 寻找机会 • 利用机会 • 抓住意想不到的机会

　　根据我们的研究和讨论，有一些简单（并不详尽）的建议可以帮助你开始行动（见表 7-2）。

表 7-2 "外星人"招式——你能做的改变

策略和战术	方法和技巧
关注 用新的眼光看世界 要想看得更清楚 • 推近镜头 • 拉远镜头 要想看到不同角度 • 转换焦点	• 承认你的专业偏见 • 从多个角度看问题 • 从内部看，作为参与者，而不仅仅是观察者 • 观察人们不做或不说的事情 • 从一个更高的有利位置进行调查——以鸟瞰的视角进行调查 • 在一般情况下的目标群体之外搜寻答案 • 观察边缘群体，如极端用户（激进分子） • 花时间与边缘人群相处 • 从相反的角度看问题——例如，从极端用户转向非用户 • 扮演其他角色——例如，从儿童或盲人的角度看世界
悬浮 跳出框架以获得广阔视野 暂停一下 • 弄清楚你的想法 • 反思你的想法 休息（换个活动） • 给大脑补充氧气 • 精神上放松一下	• 停下来理解你所观察到的 • 问问自己缺少了什么 • 用别人的眼光来观察自己 • 质疑目标和方法——你是否应该重新调整你努力的方向？ • 换个环境——例如，离开家或办公室 • 让自己沉浸在不同的知识体系、学科或专业中 • 阅读相邻领域的书籍——例如，科学家可以阅读科幻小说 • 参加相邻领域的会议 • 参观博物馆 • 做一些无意识的事情——例如，涂鸦、凝视窗外 • 进行技术性休息——例如，在午餐时，在开车或上下班的路上 • 花点时间进行思考——例如，留到晚上考虑，或者在没有智能手机的情况下散步
想象 产生超乎寻常的想法 释放你的想象力 • 采取一种玩乐的心态 • 对问题进行头脑风暴 激活你的想象力 • 使用类比 • 组合概念	• 利用约束条件或假定的要求——例如，放弃一个必要条件或增加一个约束条件 • 考虑怎样不做某事——例如，考虑亚马逊、谷歌会怎样不做这件事 • 改变你对问题的描述方式或重新表述目标 • 尽可能多地提出关于挑战的问题 • 问自己"为什么要"，"为什么不"，"要是……会怎样"，以及"如何做" • 问自己："如果我们不再做我们现在做的事，会怎样？" • 尽可能多地产生原创想法，不进行评判和自我纠错 • 将你的问题与自然界中类似的挑战进行比较 • 向不熟悉问题的人解释为什么你会陷入困境 • 进入 Reddit 社区，沿着不太可能的方向进行讨论

续表

策略和战术	方法和技巧
	• 与有不同经验的外界人士交谈 • 骄傲地选用其他领域的创意
实验 智能化测试使学习更高效、成本更低 迎接惊喜 • 提出多个模型 • 激起极端反应 接受惊喜 • 让数据说话 • 寻找想法与你不同的人	• 测试出以更快的速度和更意想不到的方式找到更丰富的数据的方法 • 寻找天然实验 • 使用技术以低成本的方式测试多种想法 • 分享你"糟糕的初稿"、丑陋的模型或怪物一样的原型，从而展开对话 • 在早期使用者（那些愿意做出牺牲来得到它的人）身上试用你的产品，以创建一个迭代反馈循环 • 在恶劣的环境中进行压力测试 • 寻求能真正拓展你思维的观点 • 从"难对付的人"中收集反馈，并认真对待反馈 • 让你周围围绕一群愿意跟你说真心话并质疑你对"证据"的解释的人
导航 设法腾飞，避免坠落 生存 • 寻找摩擦 • 化解威胁 • 抵御攻击 蓬勃发展 • 寻找机会 • 利用机会 • 抓住意想不到的机会	• 评估可能促成或破坏你的解决方案的关键因素 • 确定并优先考虑最重要的生态系统参与者 • 获取内部帮助，顺利通过公司的免疫系统 • 评估谁将获得或失去最多利益 • 把自己想象成敌人 • 模拟关键利益相关者的反应 • 保持低调，直到你有东西可以展示 • 为自己争取时间和空间，寻找资源，不要让自己成为目标 • 赢得能够为你提供掩护的拥护者的支持 • 精心设计能引起支持者和阻碍者产生共鸣的不同信息 • 用他们的语言搭建沟通的桥梁 • 强调解决方案的持续性，而不是破坏性 • 将你的激进项目与令人熟悉且易于接受的概念联系起来 • 在开发业务模式、结构和流程上投入和开发产品一样多的精力和创造力 • 考虑非传统的合作伙伴，从而战胜阻碍者 • 准备好转弯或倒车

第八章
灵活运用五大思维

为了方便起见,我们按时间顺序列出了"外星人"思维的五个要素。但在实践中,它们不是一个固定的序列,甚至不是一个循环,而是一个混合体,需要你在活动之间交叉进行。

传统的创新框架,比如门径式关卡模型或瀑布式模型,没有充分强调这一点。相反,它们把对新颖解决方案的追求描绘成一个循序渐进的过程,在每个阶段的末尾都会进行审核[1]。就连设计思维 ① 在坚持从用户开始时,也可能过于线性和僵化[2]。

在实践中,发现突破性解决方案的经过更加多变。方案很少按照预期进行,创新本质上是不可预测的。一个全面的创新框架必须反映这些现实,否则会束缚你的创造力或者把你引入歧途。我们的"外星人"思维框架对两个基本的现实做出了说明,这两个现实经常被现有的创新方法所忽视。我们不知道从哪里开始,也不知道该遵循哪条路径(参见图 8-1)。

———————

① "设计思维"是一种创造力训练方法,引导人们以"人的需求"为中心,通过团队合作解决问题,获得创新。——译者注

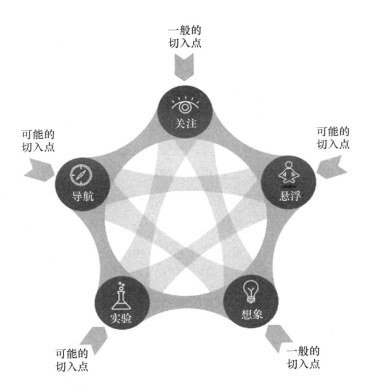

图 8-1 "外星人"思维框架

多个切入点

尽管关注可能是创新的逻辑起点，但从其他方面开始也是完全合理的。

悬浮有时会最先出现。当你已经从工作中抽身时，你的注意力可能恰好被某些东西吸引。休息一段时间可以让你更容易注意到之前没有注意到的特性。例如，冷冻食品先驱克拉伦斯·伯宰（Clarence Birdseye）从未打算彻底改变食品保存方式。1916 年，在加拿大亚北极地区执行任务时，这位年轻博物学家会与当地的因纽特人一起去冰上钓鱼。在这个陌生的环境中，久而久之，他开始接受因纽特人的做法，学习如何像因纽特人那样冰钓和冷冻当天钓到的鱼。冻鱼解冻后尝起来异常新鲜，他感到很惊讶，想知道这是怎么回事。五年后，他为美国渔业协会工作时，发现将新鲜的鱼完好地运到市场上是很困难的，并开始用冷冻鱼做实验，看冷冻是否能保持鱼的外观、味道和质地。他意识到，诀窍在于"快速冷冻"。然而，他又花了三年多的时间才发明了机器、设施和分销配套设施，并充分利用这个想法创造了冷冻食品行业[3]。

想象是另一个可能的切入点。阿根廷汽车修理师奥东在设想一种医疗设备，作为辅助分娩的产钳的替代品时，他并没有下意识地想要改进现有的分娩设备。他确实是在睡梦中想到这个主意的。凌晨 4 点，他叫醒了妻子，分享自己的灵感。他回忆道，"妻子说我疯了，然后又回去睡觉"[4]。第二天，他请求一位对他的想法表示怀疑的朋友给他介绍一位产科医生，于是漫漫征程开始了。"顿悟"时刻被夸大了，但它们确实存在。有时候，你会产生一个意想不到的想法——甚至是针对一个你并没有的烦恼。

可以说，想象也是皮卡德设计的太阳能飞机的切入点。这个例子表明，要实现突破性解决方案，你不一定要知道别人不知道的东西。

你可以通过相信别人不相信的事物来达到目的。正如皮卡德最近指出的："要着手做这样的事情，你必须在一开始保留一点天真。你必须忽略以后会遇到的所有问题。"[5] 现有的模型往往很难适应这种飞跃式的创新，这种创新主要是基于自上而下的对成功的信念，而不是基于当前的需求或技术。作为人类，我们的部分天赋在于想象那些目前无法企及的东西。"这就是拓荒者的命运，"皮卡德说，"一开始，人们认为这是不可能的，这是愚蠢、荒谬的。然后，这件事就发生了，变得人尽皆知。"[6]

当你偶然有一个与你的研究焦点无关的发现时，实验可以成为突破的大门——不仅会引导你转变方向，还会引导你重新开始，从完全不同的方向出发。这种情况在科学发现中并不少见，许多发现源于其他研究无意中诞生的副产品，比如，作为经典案例轰动一时的畅销药伟哥（Viagra）的发现，就是辉瑞公司（Pfizer）心脏病新型治疗药物临床试验的意外结果。

最近，美国国际商业机器公司研究院（IBM Research）的化学家珍妮特·加西亚（Jeannette Garcia）试图合成一种聚合物，她设置了一个化学反应，然后离开去取原料。当她回到加热的烧瓶旁时，她发现了一种骨头般坚硬的物质。原来，她发明了一种新的可回收热固性聚合物——这是几十年来的第一个新的聚合物类别[7]。这种新材料非常坚固，重量轻，而且与同类材料不同的是易于无限回收利用。这种独特的性能组合使其成为一项突破性发现，在航空航天、汽车、电子和3D打印领域具有广泛的应用前景。但就目前而言，它仍是一个解决方案，等待找到可以解决的有价值的问题。

　　导航也可以是这个过程的第一步，比如当两个人或更多人决定一起创新时。布莱恩·切斯基（Brian Chesky）和乔·杰比亚（Joe Gebbia），两个十分有名的设计专业学生就是这种情况。为了和朋友创办一家公司，切斯基放弃了一份稳定的工作，搬到了旧金山，他本来打算创办一家设计公司。他们合租了一套三居室公寓，艰难地支付房租，并决定通过向即将参加国际设计会议的人出租三张气垫床来补充资金。他们厚脸皮地将其宣传为"气垫床和早餐"。这就是现在价值超过 380 亿美元的爱彼迎业务的诞生过程[8]。有时，创新过程的开始是因为你建立了有利的创造性条件，而不一定是因为你对觉察到的需求做出了回应。

多重途径

　　就像你可以从创新过程的任何地方开始一样，你也可以向任何方向前进，然后根据需要切换焦点。几乎没有任何创新框架明确承认这种自由。出于这个原因，人们往往过于从字面上理解它们，并将其简化为僵化的配方，最后产生令人失望的结果。

　　在实践中，创新是以一种更加灵活、非线性的方式进行的，而"外星人"思维框架更能接受这种混乱的本质。我们认识到，这五种活动可能会以不可预测的方式相互影响，甚至同时发生。这更像是横向思维过程之间的切换，而不是遵循一个循环或一个序列。

　　再想想加西亚发现聚合物的例子。在创造了一些意想不到的东西之后，她不得不集中注意力。如果她没有接受新的结果并对自己的错误感到好奇，她很可能会认为这是一次失败的实验而不予理会。相反，她再她再次进行实验，与 IBM 的计算化学团队合作，从最终的聚合物开始研究，并发现了引起这种意外反应的原因。展望未来，IBM 有两个优先事项要处理：定义相关的客户需求（关注），同时决定必须与谁合作（导航）来实现解决方案。这可能需要大量反反复复的工作，以及进一步的实验（以产生原型）和偶尔的悬浮（以重新评估，避免过度延伸）。

创造性过程充满了迂回和曲折，要求你重新审视你最初的问题，重新审视你做出的回应或选择的合作伙伴。

从实验中获得的知识可能会让你重新关注用户的需求，或者返回想象的步骤产生替代想法。有时，你会在创新过程的后期解决"向正确的人问正确的问题"的挑战——就像 Owlet 后来意识到了无线健康监测器不是医院决策者的迫切需要，而是焦虑的新手爸妈们的迫切需要。你必须尝试所有对你有用的顺序。将过程固化是实现突破性解决方案的障碍。

斯沃琪创始人、连续创业者莫克认为："创新就像迷宫，有很多死胡同，也有很多可能性。你知道你想开始做些什么，但你不知道你会在哪里结束。达到目标并不是抵达你一开始设定的位置。只有找到正确的出口，才能让你走向成功。"[9]

这种激发激进思维的方法是不能被严格控制的。下面将以排雷的问题为例，说明创新过程是如何偏离预期轨迹的。

曲折前行

被遗弃的地雷每年造成成千上万的平民死伤，还摧毁了道路、供水管线等基础设施。排雷是一项危险、烦琐和成本高昂的工作，需要专门的排雷车，配备金属探测器的操作员，或训练有素的警犬和训导员。但来自比利时、曾经是产品工程师的巴特·韦特金斯（Bart Weetjens）想出了一个比现有解决方案更好、更快且成本更低的方案。

一切始于**悬浮**。1995 年，因为对设计公共汽车的工作感到失望，韦特金斯决定辞去工作，寻找更令他满意的方式为世界做贡献。

失业几个月之后，他开始自诩为艺术家，思考下一步该走哪条路，直到通过戴安娜王妃的一次宣传活动，他的**注意力**被吸引到了地雷问题上[10]。于是，他前往莫桑比克和安哥拉，从非洲村庄自耕农的角度来看待这个问题，那里因为布满了地雷，农民无法进入自己的农田。

为了从不同的角度思考这个问题，他决定参加一个关于地雷探测系统的研讨会（再次悬浮）。在那里，他了解到一项停滞不前的 20 世纪 70 年代的研究，在这项研究中，沙鼠被训练通过脑电刺激来识别爆炸物的气味。

这个发现激发了韦特金斯的**想象力**。他在青少年时期曾饲养过啮齿类动物，他想知道老鼠这种比较起来不那么紧张、嗅觉同样敏锐的动物是否可以被训练来探测地雷。但当他向比利时军方和其他组织提出在排雷行动中使用老鼠的想法时，对方却对他的计划嗤之以鼻[11]。

他花了两年半的时间才终于说服安特卫普大学的教授们认真考虑他的思路，并帮助他获得了一笔为期一年的资助，这足以让他在比利时启动老鼠饲养项目。请注意，在这个例子中，在任何形式的**实验**开始之前，都要进行一段很长时间的**导航**——说服关键的支持者和资助者。

　　然后，为了制订一个健全的培训计划，并确定最适合这项任务的老鼠类型，韦特金斯进行了几轮实验。事实证明，第一批从非洲进口的老鼠非常有领地意识，它们互相撕咬对方至死。即使在实验室里进行实验，韦特金斯仍然继续**关注**地面条件，并重新构思项目所需的东西（**悬浮**）。例如，老鼠必须足够大，人们才能在植被中看到它们，但又不能大到引爆地雷。此外，老鼠需要有足够长的寿命，可以为训练提供良好的投资回报。在咨询了啮齿类动物学者后，韦特金斯最终选择了非洲巨囊鼠，这种老鼠可以在笼子里生活长达八年。

　　对老鼠进行调教需要对各种训练方案进行**实验**，以确定最佳的行为强化方式。韦特金斯和他的团队最终确定了响片训练，在这种训练中，动物学会将识别气味与响片声和食物奖励联系起来。经过两年的初步研究，有足够的证据表明这种训练是有效的，于是韦特金斯决定将该计划和研究小组转移到非洲，与当地的饲养员一起进行训练。

　　当然，这带来了新的**导航**方面的挑战。第一，在选择国家上，在众多国家中，韦特金斯选择了坦桑尼亚，因为该国既承诺为项目提供好的条件又拥有必要的稳定的政治环境。韦特金斯与坦桑尼亚国防部达成了广泛的后勤支持合作协议，并与该国东部的索科因农业大学合作。该大学捐赠了一块土地，让韦特金斯创办的社会组织——现在称为安特卫普扫雷组织（Apopo）——能够在这块土地上建立研究中心和培训机构。

　　第二，在资金方面，韦特金斯继续在国际社会中寻找赞助方。合作伙伴名单最初只包括安特卫普大学和比利时政府，后来增加到30个团体，其中一些团体本来一开始拒绝了他的想法。

第三，韦特金斯必须克服来自当地社区的阻力。老鼠在非洲被普遍视为害兽，因为毁坏农作物和储备粮而受到人们异常的憎恨。为了改变这些先入为主的观念，韦特金斯把他的老鼠们称为"英雄鼠"——在当地居民看到老鼠及其饲主做出的贡献后，他们对老鼠的态度从排斥变成好奇，最终变成了喜爱[12]。

通过反思人们对老鼠态度的转变（**悬浮**），韦特金斯认为或许可以利用老鼠成为救世主的矛盾形象来筹集资金。他发起了一个虚拟收养计划，鼓励以个人名义对老鼠培训和护理进行赞助（**实验**）。

现实中，为了研究出突破性解决方案，这五种"外星人"思维策略是相互渗透的。突破性解决方案不是由标准的配方促成的：它们很复杂，而且每次产生的方式都不同。

对安特卫普扫雷组织来说，成果非常辉煌。在开始实施的一年内，日内瓦国际人道主义排雷中心（GICHD）的一项外部评估，就证实了该方案在多个方面具备有效性。

一位专家用探雷器可以在两天内扫描一个网球场大小的区域。而一只受过训练的老鼠30分钟内就能做到这一点[13]。与狗不同，老鼠不会受到酷热的困扰，也不太容易患上热带疾病。训练它们的费用大约是训练一只狗的三分之一，而且它们更易于运输和照料。另外，与狗不同的是，它们不依附于某个驯兽师，也不容易感到倦怠。

与排雷车相比，老鼠很便宜，而且随处可见。老鼠为当地提供了一种可持续、可推广的解决方案，帮助贫困社区独立解决地雷问题，而不是永远依赖进口的知识和技术。现在，其他非洲国家也在使用老鼠排雷，包括莫桑比克、安哥拉和埃塞俄比亚，以及南美（哥伦比亚）和亚洲（柬埔寨、老挝和越南）。

但故事并没有到此结束。事实证明，这种低技术含量的解决方案所带来的机遇，远远超出了韦特金斯最初的设想。

创新的气味

在前往坦桑尼亚作战总部的长途飞行中（字面意义上的**悬浮**），韦特金斯获得了新的灵感。他偶然看到英国广播公司（BBC）的一则新闻报道，该报道预测全球结核病死亡人数将增长400%。这并不是他以前特别**关注**的问题，但安特卫普扫雷组织的一些工作人员感染了艾滋病毒，免疫系统被削弱，使他们更容易感染结核病。当韦特金斯回想起这种疾病时，他突然想到，在他的母语荷兰语中，结核病被称为tering，意思是"焦油的气味"。（结核病患者在病情晚期会散发出一种焦油味。）想到这一点，韦特金斯利用**想象**将这些点连接起来：如果结核病菌有一种气味，那么就一定能通过训练老鼠在患者感染的早期阶段发现它。（这也是一个克服功能固着的有趣例子，就像在第四章中探讨的那样，他开发了一种探测地雷的"技术"，但这并不妨碍他寻找办法将该解决方案扩展到其他领域。）

于是，韦特金斯开始**实验**，利用他巧妙的解决方案来对抗另一个致命的杀手——这次的受害者是数百万人，而不只是数千人。根据世界卫生组织的数据，每年有900万人患结核病，实验室检测误诊的病例有1/3。在实验过程中，安特卫普扫雷组织开发了一种自动化训练的笼子，以加快对老鼠的训练，消除测试中人为因素造成的偏见。

事实证明，啮齿类动物比配备简单光学显微镜的实验室技术人员更擅长检测结核病。一个实验室技术人员需要长达一天的时间来筛查50份结核病样本，但是一只经过训练的老鼠可以在不到10分钟内完成同样的工作[14]。截至2019年，老鼠已经发现了超过1.1万个最初被实验室检测漏掉的结核病病例，检出率提高了40%[15]。

关键的挑战在**导航**方面。一些生活在城市贫民窟或没有固定地址的人，我们很难与他们联系，告知他们结果。但是，他们中的大多数人都有手机，可以通过手机追踪到这些人并让他们加入治疗[16]。

不过，截至撰写本文时，实验还远远没有结束。韦特金斯目前正在努力重新利用他的低技术含量解决方案来解决其他潜在需求。老鼠正在被训练来寻找煤气泄漏、麻醉品和腐烂食物的位置。有朝一日，人们甚至可以看到拴着绳子的老鼠嗅着行李或者在医院工作。安特卫普扫雷组织训练和行为研究负责人蒂姆·爱德华兹（Tim Edwards）说："目前，人们对癌症嗅探的兴趣很大。我们也接触过低血糖和其他方面的医疗应用。这方面有很大的潜力，只是需要找到时间和资源去调查研究。"[17]

通过在老鼠背上安装微型无线摄像机，老鼠与生俱来的挖洞天赋甚至可以用来在倒塌的建筑中搜索幸存者。同样，你需要利用**悬浮**来分清事情的轻重缓急。

因此，原本用来清除地雷的看上去很奇怪的替代方案，后来变成了利用"嗅觉印记"解决多种问题的通用解决方案——就像特拉循环的废弃食物回收方案变成了回收更复杂的垃圾的模型一样（见第六章）。安特卫普扫雷组织的案例除了说明通往突破的道路十分曲折外，还强调了"外星人"思维的力量，这种思维可以改变你对可支配资源的看法。有时，你拥有的东西比你想象的要更多。

错误的配方

安特卫普扫雷组织的案例展示了"外星人"思维的五个驱动力——关注、悬浮、想象、实验和导航——是如何在整个过程中反复出现的，但不一定是按这个顺序出现。尽管一种策略可能在任何特定的时间占据主导地位，但它们实际上相互交织，并充当彼此之间的中继站。各"阶段"可以颠倒、重复或平行地进行。排列模式可能无穷无尽，但某些模式更常见。例如：

在整个过程中，你需要关注不断变化的需求，不仅仅是终端用户的需求，还有可能是支持或反对你的解决方案的所有参与者的需求（导航）。你也可以在利用悬浮重新剖析问题后，或每当你的实验产生意想不到的结果之后，再返回到关注上。

悬浮经常出现且关系重大，可以重新提升你的理解力，并确保你朝着正确的方向前进。悬浮在想象之后进行，能够帮助你找到最佳机会——在构思时似乎很不错的一些想法有时会在冷静思考时得到改进；悬浮在实验之后进行，能帮助你整合新的数据，从而评估是否要转变方向或者在多大程度上转变方向。

想象至关重要。想象不仅可以带来关于产品和服务的想法，有助于找到看待和思考问题的替代方法，或者测试和发布解决方案的方法。想象促使你总是去问"为什么"和"要是……会怎样"之类的问题。

实验是建构意义的关键。我们通过不断采取行动到观察结果的循环，来了解这个世界。

实验提供了你需要的反馈来重新调整你的注意力，改变你产生想法的方式，并预测其他人对你的突破性解决方案的反应。

在你研究出可行的解决方案前后，你需要通过导航来预测和适应潜在的威胁和机遇，确保项目启动有一个安全的空间和广泛的支持，与潜在的合作者联系，以及在实验失败后通过导航重建你的信誉。

在强调了"外星人"思维策略在顺序上的灵活性后，我们必须提醒一点。

虽然顺序是灵活的，但你确实需要每个策略至少运用一次，因为不同的策略可以消解不同的偏见。每个策略都会给你的方案增加价值。通过关注所有五个方面，你将最大限度地增大可能性，在旅程结束时设计出真正能改变游戏规则的解决方案。忽视任何一个问题都会让你把注意力集中在错误的问题、想法或解决方案上。例如，如果你忽略了关注的部分，你可能会用一个绝妙的解决方案解决一个没有价值的问题（赛格威的例子）。如果你在悬浮或想象方面做得不够，那么你可能会过早地局限于一个不太新颖或不太适合的解决方案 [如女性专用笔（Bic for Her Pens [18]）的例子]。实验不够会导致仓促提供的产品不能满足明确的需求（如西拉诺斯的例子）；而在生态系统中糟糕的导航，可能会导致一个伟大的解决方案无法产生应有的影响（如赛尚的第一台数码相机的例子）。

在快速变化的环境中，你必须有能力改变你处理问题和进行思考的方式。激进的创新不是命中注定的，也不能被简化成一种固定顺序。

如果你过于按部就班地从问题走到解决方案，你多半是在削弱你的创造力。为了产生不一样的结果，你需要有能力在策略之间进行切换。"外星人"思维框架可以被重新配置，而不对完整性造成影响。

这五种策略以不可预测的方式相互联系着。用一个周期或一种顺序来形容这五种策略的关系还不太贴切，更好的比喻是它们像位于一个格子中，五种策略并行运行，不断交叉。

一把实在的伞

由于认识到了灵活采取策略的重要性，在研究突破性解决方案上，"外星人"思维框架成为比其他方法论更实用的指南。该思维框架承认，创新过程是错综复杂的，而创造力是一个建构意义的旅程。

"外星人"思维框架的要素并不是唯一的——我们对于以上五种策略各自提供了进一步的参考资料——但总体而言，它们囊括了创新过程的全部范围和曲折性。该模型特别认识到，在界定问题或机会、调整实验方向以及创造性地跨越障碍方面，反思起到了关键作用。该思维框架涵盖了数字手段和传统方法，并提供了一个伞状框架，可以很容易地适应设计思维、精益创业、商业画布①和其他创新战略。

关于突破性解决方案，目前不乏提建议的书籍，但这些建议来自多个渠道，因此很难协调里面相互矛盾的工具、方法和建议。"外星人"思维框架涵盖了整个创新过程，并且是以一种容易回忆起的方式做到了这

---

① "商业画布"是指一种能够帮助创业者催生创意、降低猜测，确保他们自己找对目标用户、合理解决问题的工具。——译者注

一点，这符合爱因斯坦的原则："事情应该力求简单，但不能过于简单。"

🔲 要点总结

• 在实践中，发现突破性解决方案的过程更加多变。尽管关注可能是创新的逻辑起点，但从其他方面开始也是完全合理的。创新有多个切入点。

• 就像你可以从创新过程的任何地方开始一样，你也可以向任何方向前进，然后根据需要切换焦点。加西亚发现新型聚合物的经过就是一个例子。

• 韦特金斯训练"英雄鼠"的例子，展示了"外星人"思维的五个驱动力是如何在整个过程中反复出现的，但不一定是按这个顺序出现。排列模式可能无穷无尽，尽管有的模式比其他的更常见。

• 虽然顺序是灵活的，但你确实需要每个策略至少运用一次，因为不同的策略可以消解不同的偏见。每个策略都会给你的方案增加价值。忽视任何一个问题都会让你把注意力集中在错误的问题、想法或解决方案上。

• 由于认识到了灵活采取策略的重要性，"外星人"思维框架成为比其他方法论更实用的研究突破性解决方案的指南。该思维框架承认，创新过程是错综复杂的，而创造力是一个建构意义的旅程。

🔲 问问自己

1. 你认为自己具备灵活的个性吗？

2. 你是否能适应从创新过程的任何地方开始，然后在必要时改变方向（曲折前行）？更多关于"外星人"思维的资料请参见表 8-1。

表 8-1　更多参考资料

关注	播客：Amy Webb, "How to Spot Disruption Before It Strikes," Paul Michelman, interview, Three Big Points (podcast), *MIT Sloan Management Review*, March 17, 2020.
	文章：Bill Taylor, "To Come Up with Better Ideas, Practice Paying Attention," *Harvard Business Review*, May 23, 2019, https://hbr. org/2019/05/to-come-up-with-better-ideas-practice-paying-attention.
	文章：Max H. Bazerman, "Becoming a First-Class Noticer," *Harvard Business Review*, July– August 2014.
	书籍：James H. Gilmore, *Look: A Practical Guide for Improving Your Observational Skills* (Austin, TX: Greenleaf Book Group Press, 2016).
悬浮	文章：Emma Seppälä and Johann Berlin, "Why You Should Tell Your Team to Take a Break and Go Outside," *Harvard Business Review*, June 26, 2017, https://hbr.org/2017/06/why-you-should-tell-yourteam-to-take-a-break-and-go-outside.
	文章：Thomas Wedell-Wedellsborg, "Are You Solving the Right Problems?," *Harvard Business Review*, January–February 2017.
	书籍：Kevin Cashman, *The Pause Principle: Step Back to Lead Forward* (San Francisco: Berrett-Koehler Publishers, 2012).
想象	文章：Martin Reeves and Jack Fuller, "We Need Imagination Now More Than Ever," *Harvard Business Review*, April 10, 2020, https://hbr.org/2020/04/we-need-imagination-now-more-than-ever.
	文章：Nathan Furr, Jeffrey H. Dyer, and Kyle Nel, "When Your Moon Shots Don't Take Off," *Harvard Business Review*, January–February 2019.
	书籍：Welby Altidor, *Creative Courage: Leveraging Imagination, Collaboration, and Innovation to Create Success Beyond Your Wildest Dreams* (New Jersey: Wiley, 2017).

续表

实验	文章: Michael Luca and Max. Bazerman,"Want to Make Better Decisions? Start Experimenting,"*MIT Sloan Management Review*, June 4, 2020.
	文章: Julian Birkinshaw and Martine Haas, "Increase Your Return on Failure,"*Harvard Business Review*, May 2016.
	书籍: Stefan Thomke, *Experimentation Works: The Surprising Power of Business Experiments* (Boston: Harvard Business Review Press, 2020).
导航	文章: Cara Wrigley, Erez Nusem, and Karla Straker, "Implementing Design Thinking: Understanding Organizational Conditions,"*California Management Review*, January 12, 2020.
	文章: Jurgen Stetter, "Four Ways to Get Your Innovation Unit to Work,"*MIT Sloan Management Review*, March 29, 2019.
	文章: George Day and Gregory Shea, "Grow Faster by Changing Your Innovation Narrative,"*MIT Sloan Management Review*, December 10, 2018.
	文章: Martin Ihrig and Ian MacMillan, "How to Get Ecosystem BuyIn,"*Harvard Business Review*, March–April 2017.
	书籍: Ryan Holiday, *The Obstacle Is the Way: The Timeless Art of Turning Trials into Triumph* (New York: Portfolio/Penguin, 2014).

第九章
数字化：将突破性理念变为
现实的力量

米兰达·罗尔夫斯（Melinda Rolfs）的创新之旅始于 2014 年，那一年她的注意力首次被慈善捐赠吸引。在万事达咨询公司（Mastercard Advisors）工作时，她注意到："似乎发生了一场又一场重大自然灾害。在我们的办公室里有一台大屏幕电视机，上面播放着美国有线电视新闻网（CNN）的节目，我经常看到画面中那些本来就一无所有的人失去了一切。"[1]

这让她想知道万事达能做些什么来帮助机构提供救济。在反思这个问题过后，她后退了一步，以便进一步了解她所在的公司可以用手头的资源做些什么。

她很快意识到，万事达收集的交易数据不仅揭示了消费的情况，也揭示了捐赠的情况。根据这个关键的洞见，她将自己的焦点缩小到更好地理解慈善组织的需求上。她发现，慈善组织既无法获得有关捐赠者的数据，也无法使用这些数据。事实证明，大多数慈善组织在从数据和分析中提取价值方面都不够有经验。它们最多也不过是会使用大数据集（比如那些源于美国国内收入署的信息）来研究捐赠趋势，但这些数据集提供的信息很少是及时的、面面俱到的。

她的结论是，掌握数据的人和没有数据的人之间存在着严重的信息鸿沟。尽管商业机构拥有大量关于消费者消费习惯的信息，但几乎没有人为非营利部门编制有意义的信息[2]。慈善机构对何时何地筹集资金了解不多。

罗尔夫斯决定设法弥合信息鸿沟。"也许有一种方法，我们可以利用我们的数据和分析来造福社会，"她后来回忆起当时的想法时说，"也许我们可以从数据中看出个人进行慈善捐赠的趋势。"[3]

她的突破性想法是，万事达可以向非营利组织提供同样的数据和分析用于筹款——而她所在的公司已经在为了商业利益向商家和金融机构提供这些数据和分析。这些信息将以一种"数据慈善"的形式免费提供。

但是为了将这个概念变成现实，她首先需要进行测试。于是，她带着这个想法参加了公司的年度创新竞赛。"这个竞赛对我来说是一个很好的平台，因为它迫使我从整体上考虑这个想法。"[4]她的想法使她赢得了比赛，不仅帮助她说服了万事达的老板们，也说服了他们让她领导这项计划。

如今，罗尔夫斯的部门编制了一份年度报告，其中有九个分类，包括教育、环境、健康和动物福利等，以帮助非营利组织制定筹款绩效的基准，并了解哪些事业越来越受人们欢迎。这份报告还能让人们深入了解捐赠发生的时间和方式，以及影响捐赠的潜在因素。这些见解可作为捐赠战略的支柱，帮助非营利组织计划举办活动的时间，并充分利用经常性捐赠的趋势。此外,在万事达原本所拥有数据的基础上,该项目现在还囊括了外部的数据集。（例如，政治捐款数据显示，在美国总统大选和中期选举之前的几个月里，慈善捐款会受到很大的冲击，因为人们会向自己喜欢的候选人捐款。）

罗尔夫斯认为，她面临的持续挑战是如何接触政策制定者、非营利组织、学术界和私营部门，寻找能充分发挥数据的作用的方法，为最严峻的社会问题创造可持续的解决方案。罗尔夫斯说："我们的目标是让那些专注于社会公益事业的组织获得所需要的信息，以便接触到更多的人，更好地为它们的社区服务。"[5]

慈善数据并不是罗尔夫斯最初的想法，但她成功地将一个吸引人的概念转变为了一个可行的解决方案、一个为成千上万的人带来价值的方案。为了达到这个目的，罗尔夫斯巧妙地运用了"外星人"思维原则。 她的核心贡献是将慈善事业人性化的一面与万事达的数据和数字化能力结合起来。

首先，她利用了公司数据库中的大量信息。这样，罗尔夫斯和其他人都不必亲自收集数据。数据库是自动创建的，规模巨大，而且是实时的。其次，她利用数据解析生成见解，这种见解通常没有人为分析产生的偏见。最后，她很快构建了一个全面的解决方案，囊括了万事达公司内外部的数据。如果没有结合人的能力和数字化能力，数据的数量、见解的公正性和增长的规模都不可能得到保证。

放大"外星人"思维

这个例子说明了，将人的能力和数字化能力结合起来，可以在全新的方向和不同的领域激发"外星人"思维。数字技术不仅有助于模糊商业部门之间的界限，而且有助于模糊私营和公共部门之间、营利和非营利组织之间以及大企业和创业者之间的界限。各组织经常从消费者和民众那里收集的未充分使用的数据，可以为看似不相关的领域带来突破性解决方案。

本章的重点是数字工具、技术和数据如何放大"外星人"思维。"外星人"思维框架的每个组成部分都可以通过人的能力和数字化能力的融合得到加强，以产生远远大于投入之和的结果。

捕捉新的洞见是关注的核心，可以通过非判断性的监测技术来增强。让我们回顾一下雀巢公司的例子。雀巢的数字加速团队使用社交媒体监测工具，实时跟踪世界各地的人们对其品牌的评价。如今，该公司已经能够提前应对未曾预料到的、具有潜在破坏性的事件，如绿色和平组织的公共关系攻击。信息是思想的原材料。数字工具擅长将"外星思考者"的注意力集中到收集和展示这些想法上。

数字工具和悬浮之间的联系相对来说不太明确。数字工具可能会极度让人分心，与暂停的理念背道而驰。前面说过，我们建议每天在不带手机的情况下散步 10 分钟，以放空你的大脑。数字应用不断地用信息轰炸我们，使我们很难重新集中精力，不受我们正在做的事情的影响。但数字应用其实不一定带来负面影响。一些数字工具可以给我们的头脑补充"氧气"，帮助我们远离分散我们注意力的东西。例如，一个促进正念的应用程序实际上可以促进悬浮。你既可以通过去山上待一周来从常规活动中抽身，也可以通过在办公室或在家里听播客和有声读物来实现这一点。

　　你的想象可以凭借轻易获得的强大技术得到延伸。数字工具开启了新的创造的可能。例如，为了设计一项针对有犯罪史的人的审查服务，霍奇不得不使用技术。起初，她只是为了回应一家社区银行的一次审查请求。在花了三天时间亲自评估对象之后，她的反应是"这是不可能的。我们不能这么做，这没有意义"[6]。如果她没有设想出一种技术解决方案，可以使这种审查既成本低又可推广，那么这种做法就只能是一次性的，甚至不能称为一种洞察力，也不会变成一个突破性理念。

　　数字化实验可以降低实验成本、加快实验进程。数字双胞胎技术体现了这种让实验虚拟化、降低实验风险并加速实验进程的能力。美国宇航局通过在模拟器中测试航天器和其他设备，而不是建造和测试物理原型，每年可节省数亿美元。在大多数情况下，数字化实验并没有取代人类，而是放大了人们设置不同条件、收集数据和解释结果的能力。

　　我们可以通过数字化手段来攻克导航方面的挑战——批量产生伟大的想法并将其转化为突破性解决方案。数字技术可以帮助人们克服这些想法在现实世界中不可避免、往往被低估的阻力。例如，数字反馈会话或社交媒体活动的数据，可以帮助说服持怀疑态度的利益相关者相信一个突破性想法行得通。面板可以将结果可视化，协作工具可以帮助你共享支持性数据。像罗尔夫斯这样当今最成功的"外星思考者"，就深谙数字技术在产生、测试、改进和推广他们想法方面的力量。

谷歌的故事

为了进一步说明人与数字化相结合的力量，让我们看看一个家喻户晓的成功案例：谷歌的故事。

1999 年，我们教授电子商务课程时，一个学生热情地分享了一款新的搜索引擎。当时，谷歌成立不到两年，还不是很出名。我们试了一下，发现这个学生说得没错，谷歌的搜索引擎确实比其他的搜索引擎要好用得多。这是怎么做到的呢？

在互联网发展早期，想找到你想搜索的东西是一件令人非常头疼的事。互联网正以指数形式扩张，而像雅虎这样的搜索网站却落后了，显示的搜索结果通常都是过时的。当时大多数的搜索引擎，包括 Excite、Lycos 和 AltaVista，搜索结果都相当不准确。在 20 世纪 90 年代中期，搜索引擎是用网站的内容来评估网站与特定搜索查询的相关性的。因此，网站所有者试图通过在他们的网页上添加受欢迎的搜索词来欺骗搜索引擎。拉里·佩奇（Larry Page）和谢尔盖·布林（Sergey Brin）当时是斯坦福大学的研究生，作为互联网的深度使用者，他们亲身体验了搜索结果不理想带来的挫败感。佩奇决定在他的论文中重点关注互联网搜索问题。佩奇没有加入计算机科学家的行列，通过现有方法来提高搜索的准确性，而是后退了一步，从一个新的角度来看待这个问题。在这段时间里，佩奇在学术界和企业界两个圈子之间切换。这种双重身份使他能够重新规划他在每个领域需要解决的挑战。斯坦福大学的学术任务迫使他从谷歌的工作中抽出时间来应对，而管理一个快速增长的创业公司意味着他必须长期脱离学习生活。仅仅是在活动之间切换，本身就已经是一种悬浮的形式，因为它让精神和身体都得到了更多的休息。

在佩奇的例子中，他在活动之间的切换为他创办的谷歌注入了从他撰写论文的过程中获得的新观点。他在许多课程中，不得不撰写建立在现有学术研究之上的论文。他发现，他总是为在分析中引用哪些文献而苦恼，也不知道哪些文献在某个特定的主题上有最独到的见解。为了解决这个问题，学术界制定了一个切实可行的方法。一篇论文通常会引用几十篇其他的文献，表明这篇论文是建立在所引文献的基础上的。众所周知，被引用次数最多的文献也是最有影响力的。因此，一篇文献被引用的次数被用来代表该文献的权重。

佩奇的想法是将这种方法应用于网络搜索。换句话说，他通过想象把两个不相关的领域联系了起来。

受引用文献的启发，他提出理论，认为互联网上的链接模式可以揭示哪些网站与给定的搜索最具相关性。然而，解决方案不仅仅包括哪些网站之间有联系，更关键的是哪些网站之间有比较显著的联系。如果一个链接到你的网站的网站，本身就有很多来自其他网站的链接，那么它应该比一个链接很少的网站更有分量。

这个想法很好，但操作起来很有挑战性，这就是为什么佩奇请来了数学家布林。佩奇和布林合作建立了一个排名系统，不仅考虑到了一个网站原始链接的数量，还考虑到了原始页面的链接数量。他们结合了数学和计算机科学，发明了佩奇排名（PageRank）算法（是以拉里·佩奇的姓氏 Page 命名）。

互联网的真人用户创建了这些链接。

谷歌工程师构建了这些算法。

机器实时收集和分析数据。

佩奇排名算法运行良好，但并不完美。很快，聪明的网站开发人员试图通过构建具有许多内部和外部链接的网站来钻空子。虽然谷歌比同时代的其他公司更难糊弄，但也并非无懈可击。随着谷歌变得越来越受欢迎，其工程师继续修改佩奇排名算法，但网站开发人员总是紧随其后。

过了一段时间，谷歌工程师进行了系统性实验，以改进佩奇排名算法和他们开发的其他算法——类似于新兴的广告平台关键词广告（AdWords）[①] 的模式。他们广泛使用了 A/B 测试，其中一组用户会看到网站的一个版本，而另一组用户会看到稍微不同的版本。谷歌可以之后衡量哪个版本最有效。

谷歌继续打造公司的实验能力。到 2008 年为止，它在其网站上运行了多达 200 个并发实验[7]。到 2019 年为止，谷歌每年就其不同的网络属性运行了数百万个受控实验，其中大多数是高度自动化或完全自动化的。最终，谷歌进军这一行业的举动演化成了对照实验（controlled experiments），这是一项自动化的 A/B 测试服务，由谷歌于2012 年开始向客户提供。对照实验在 2016 年更名为谷歌优化（Google Optimize），到 2019 年为止，它能够为客户同时运行 100 多个实验。

---

① "关键词广告"也称为"关键词检索"，即：当用户利用某一关键词进行检索时，在检索结果页面会出现与该关键词相关的广告内容。这是一种针对性强、性价比较高的网络推广方式。——译者注

将数字化和人的能力结合起来

数字工具和技术能够放大谷歌成功的影响。人类的洞察力，只有通过高级计算分析才能成为现实，就像将引用文献的原理逆向应用到互联网搜索中的例子一样。谷歌算法只有通过数字化和自动化才能保持领先于竞争对手和操纵性用户的地位。只有通过高处理能力、大存储容量、大带宽和快速网络才能实现规模化。

谷歌的故事也说明了将数字技术与人类的洞察力相结合，以扩大"外星人"思维影响的重要性。很难想象如果没有先进的数字技术，佩奇和布林如何能取得成功。然而，这些技术单个来看，哪个都无法使具有突破性的佩奇排名算法诞生。如果没有人类的聪明才智，我们今天可能还在使用远景（AltaVista）[①]来进行搜索。

谷歌继续寻找将人与机器的能力结合起来解决棘手问题的方法。例如，谷歌翻译将人工智能与人工检查相结合，以提高机器翻译的质量。谷歌于 2009 年收购了 reCAPTCHA，该系统使用人工检查来验证数以百万计的印刷出版物的数字版本，包括《纽约时报》的全辑。

但是除了互联网巨头的领域，数字工具在创造突破性解决方案方面是否依然重要呢？

我们相信依然重要。

"外星思考者"的数字工具包由三个关键的放大器组成。这些放大器将创建解决方案的过程提升到了全面、快速和高效的新水平。

---

① 远景是一个以网页全文检索为主，同时提供分类目录的搜索引擎。由雅虎运营，已于 2013 年 7 月关闭。——译者注

数字化放大器一：不用观察的数据

第一个数字化放大器涉及数据收集。

直接观察是传统的数据收集模式，也是一项耗时的工作。人类学家玛格丽特·米德（Margaret Mead）在萨摩亚、印度尼西亚和新几内亚花了 9 年时间研究当地居民的习俗。珍妮·古道尔（Jane Goodall）在坦桑尼亚花了 55 年时间学习灵长类动物的习性。值得庆幸的是，精通数字技术的"外星思考者"不需要花那么多时间来收集数据。数字工具和技术提供了新的方法来解释行为，而不需要直接观察。摄像机、信号灯、传感器、信息记录程序 Cookie、可穿戴设备和其他连接设备让"外星思考者"可以远程收集数据，而且准确性很高。这种收集数据的方法当然对关注有帮助，它也能促进想象、实验和导航的效力。

我们称这种强化的数据收集能力为数字赋能意识。

数字赋能意识是对正在发生的事情的超前感知，是对形成竞争环境的趋势的敏锐理解，是一种发现大多数人可能看不到的、正在出现的新机会和威胁的能力。

即使是精力最旺盛的人也不可能无处不在，但数字工具可以，它们让"外星思考者"的生活变得更容易。筛选软件、数据收集工具、传感器和其他连接设备可以帮助他们更加了解环境。

例如，社交媒体工具和应用程序允许对几年前还不存在的全新行为领域进行观察。脸书、色拉布（Snapchat）、照片墙、微信、推特、谷歌和领英为"外星思考者"提供了沃土，让他们能够观察并从在线社交行为中获得见解。事实上，数字工具和技术可以用来观察在传统意义上无法观察到的行为，比如社交媒体互动和网上购物。

一个关于多伦多猛龙队（Toronto Raptors）的故事，说明了如何从传感器提供的洞察力中获得有价值的信息[8]。该球队决定在练习时将传感器嵌入球员的衬衫中。令他们惊讶的是，他们发现球员只有15%的时间是向前移动的；另外85%的时间球员是横向移动、向后移动或斜向移动的，这些动作需要使用球队在力量与体能训练中没有关注到的肌肉。球队利用这一发现改变了球员的训练习惯，降低了传统训练如风冲刺①的比重，鼓励增加能更好地模仿比赛动作的训练。结果，在接下来的赛季中，受伤人数下降了。到2018年，该团队使用传感器来跟踪球员的运动、睡眠、打球风格以及环境条件，以预测每个球员在一个赛季中受伤的概率。

另一个数字化感知的例子是瑞士通信巨头瑞士电信（Swisscom）。像世界上大多数电信公司一样，瑞士电信的未来也很黯淡[9]。衡量电信行业表现的标准指标——每位用户的平均收益一直在稳步下降。在线数据计量的新收入未能弥补家庭固定电话、语音通话、短信和电视服务等传统来源收入的下降。该公司仍然保持盈利，但盈利速度在不断下降。瑞士电信需要寻找新的商业机会。

与此同时，瑞士蒙特勒镇面临着日益恶化的交通问题。与瑞士许多地区一样，充满活力的经济加上不断增长的人口和有限的道路空间，导致该镇古老的街道在早晚通勤时总是遭遇交通堵塞。

---

① 风冲刺是一种有氧运动，旨在增强力量和心血管健康。运动员在以中等到轻松的配速跑步的同时进行这种运动，然后用力冲刺几秒钟，最后回到中等的跑步速度。——译者注

阿尔卑斯山的影响使情况更加复杂。蒙特勒位于日内瓦湖东边和阿尔卑斯山山麓之间。唯一一条连接瑞士与法国交界部分（包括日内瓦机场）和主要高山滑雪胜地的高速公路就在城市上方，公路从那里穿过最近的山脉。在冬季的周末，当成群结队的运动爱好者在斜坡上来回穿梭时，这条高速公路隧道里的交通经常面临瘫痪。当高速公路堵塞时，许多通勤的人选择开车穿过蒙特勒镇中心，这是不经过高速公路隧道的唯一选择。小镇面临的问题是，不知道哪些车辆是本地的、哪些是路过的。

监控流量的成本很高。通常需要在道路上铺设电缆来测量车辆的数量，还要有工人观察道路，并使用应答器和其他设备记录交通流量。这些方法适合测量车辆数量，但是它们没有说明车辆的来源或目的地。小镇几次尝试解决交通问题都失败了，这让小镇对传统的方法和商贩产生了反感。小镇陷入了困境。几十年来，人们一直在讨论建造一座桥梁或地下隧道来减少过境交通，费用估计约 1.5 亿瑞士法郎，但尚不清楚这是否能解决问题。

拉斐尔·罗利耶（Raphael Rollier）是该地区的居民，时任瑞士电信的数字创新和转型经理，他敏锐地意识到了小镇的交通问题。这些道路根本就不是为沿途川流不息的交通设计的。一天，他在路上遇到堵车时，想到了一个绝妙的解决办法。他突然想到，瑞士电信已经在收集所有移动电话用户的位置数据，但却没有采取什么行动。瑞士电信的用户市场占有率用人口来衡量大约是瑞士人口的 60%，这些位置数据可以用来创建蒙特勒等城镇的交通流量模型。罗利耶来到镇上，提供他所在公司的服务。由于瑞士电信已经在收集数据，只需用一小部分传统流量分析所需的成本和时间就能提供交通流量分析。

于是，罗利耶与小镇官员合作，试验用不同的道路配置和交通信号减少高峰时期的拥堵。由于每天的流量都非常稳定，试验相对容易，试验结果是监测既成本低又快速。

在两周内，罗利耶的团队就能够通过追踪用户手机，收集和分析一年内进城和出城的交通数据。很快，出现了一些特定的模式：除了上午 30 分钟和下午 45 分钟外，蒙特勒的道路尚且能应付这么多的车流量。事实上，大部分问题是由几个十字路口造成的。根据这些数据，罗利耶得出结论：隧道不能解决交通问题，因此不值得进行投资。相反，数据表明，通过动态调整红绿灯和更便利的公共交通，这些问题就可以得到解决。

数据进一步显示，只有 30% 的车辆是"路过的"，意思是这些车辆没有停在镇中心。这个问题只存在于每年滑雪旺季的几个星期。经过几周的试验，蒙特勒最终实施了一个新的交通系统，改善了小镇的公共交通方式，极大地改善了拥堵状况。

罗利耶富有想象力的洞见，是意识到瑞士电信可以使用在主要业务中收集的信息来解决问题，并为完全不同的应用程序提供服务。（瑞士电信目前正在瑞士各地推出类似服务。）正如罗利耶所言，将数字化和人工解决问题的方法结合起来有显而易见的好处。"我认为未来的城市规划是数字化和传统方法的结合。数字工具可以让人们的手段变得更丰富，而不是取代人工。"[10]

现在，瑞士电信正在将手机数据与嵌在道路、照相机和其他技术中的传感器数据以及人工观察的数据结合起来。为什么不只使用手机数据呢？因为事实证明，只凭手机信号很难区分汽车、自行车、公共汽车和行人。另外，对于像蒙特勒这样相对较大的镇来说，手机信号所能达到的精确度还可以，但对于更拥挤的地区来说就不够用了。

我们认为直接观察是极其重要的，但可以通过数字工具、连接设备、传感器等对观察进行加强，从而获得对实际行为更全面的了解。这些设备可以为"外星思考者"提供一套全新的数据，在此基础上建立或测试你的洞见，无论是在关注、悬浮、想象、实验还是导航方面。

数字化放大器二：没有偏见的洞见

我们喜欢在课堂上重现的一个著名实验，是由行为经济学家丹尼尔·卡尼曼（Daniel Kahneman）和阿莫斯·特沃斯基（Amos Tversky）设计的。在实验中，他们假设有一个名叫史蒂夫的人："史蒂夫非常害羞、内向。他总是乐于助人，但对其他人和现实世界不感兴趣。史蒂夫是个谦逊、爱整洁的人。他井井有条，很会收拾，而且注重细节。"[11]

我们问学生，他们觉得史蒂夫更可能是一个农民还是图书管理员。大家通常会产生分歧。大约一半的人认为史蒂夫更有可能是农民，另一半人则选了图书管理员。这两种观点都有合理的解释，而且符合人们一贯的刻板印象：图书管理员往往害羞，对于待在图书馆井然有序的环境中感到自在；农民喜欢独居，他们对自己的作物和牲畜比对其他人更感兴趣。任何一方都可以提出令人信服的论点。

然而，很少有人考虑隐含的人口数据。在地球上几乎任何地方，农民的数量都远远超过图书管理员。此外，农民多为男性，图书管理员多为女性。因此，你如果查阅数据，则会发现：史蒂夫更有可能是一个农民，而不是图书管理员。

大多数人都无法从描述中找到线索，因为他们对农民和图书管理员有刻板印象（卡尼曼和特沃斯基称之为"基率谬误"）。作为人类，我们天生就会高估眼前数据的重要性，而低估不在眼前的数据的重要性。事实证明，基率谬误是人类几千年来形成的数百种偏见之一。

我们逐步形成的许多这类偏见，都是为了在有压力或危险的情况下帮助我们做出选择。当我们面对饥饿的捕食者时，优先处理眼前的信息非常有用；然而，当我们寻找新的见解时，就没那么有用了。幸运的是，数字工具可以帮助我们认识和避免这些偏见。

让我们以一个例子来说明，数据分析是如何帮助"外星思考者"做出寻找人生伴侣这个非常重要的决定的。

传统的择偶过程是相对随机的、直觉性和情绪化的。在线约会改变了这种动态，如今的婚介背后有了更多的科学性。结果颇具戏剧性：2017 年，北美近 20% 的婚姻源于网络约会，高于 2015 年的 5%[12]。此外，网络约会网站提供了一个有关人口数据和行为数据的宝库，可以用来评估成功匹配的可能性。我们有史以来第一次能够科学地分解寻找伴侣的情感过程。

约会网站"OK 丘比特"（OkCupid）背后的哈佛数据科学家分析了 100 多万名会员对问题的回答，并确定了两个关键问题。这两个问题强烈显示，当双方对问题给出相同的答案时，一段关系成功的概率将大大提高[13]。

你能猜出问题是什么吗？

或许你的脑子里会浮现出以下问题：你想要一个家庭吗？你的职

业对你来说有多重要？你是一个早起的人吗？你多久锻炼一次？事实上，这些问题在能预测持久关系的因素中排名很靠后。出乎意料的是，两个最重要的问题分别是：（1）你喜欢恐怖电影吗？（2）你曾经独自到另一个国家旅行过吗？

当你思考这些问题时，你可能会想出一些原因来解释它们为什么能成功预测一段关系。也许恐怖电影是没有风险的刺激的代名词，也许独自旅行是独立的象征。然而，这些原因没有事实重要。如果你和未来的伴侣在这两个问题上意见一致，你们就更有可能拥有长久的关系。

找到突破人类偏见限制的非直观的见解，是数字工具的一个关键优势。大数据和分析系统的建立是为了揭示数据内部令人惊讶的、不明显的、创造性的模式和联系。研究表明，人们很难准确预测哪些伴侣会一直在一起，因为他们缺乏分析大量数据的能力[14]。幸运的是，今天的"外星思考者"比前辈拥有更多的工具。

数字化放大器三：不折不扣的规模

即使发现了深刻的见解，它们也常常被视为有趣的异常现象。规模带来的好处是实实在在的。数字工具有助于将一个有趣的小点子转化为一种大的、有影响力的东西。

投资行业一直是数字领域的开拓者。许多新的分析工具已经被开发出来，用于搜索大量的金融数据，寻找可能被忽视的投资机会的隐性模式。

这个领域的领导者是贝莱德（BlackRock）——世界上最大的资产管理公司，在 30 个国家管理着超过 6 万亿美元的资产和投资[15]。

分析能力的关键架构师是该公司的首席运营官罗布·戈德斯坦（Rob Goldstein）。戈德斯坦负责贝莱德秘密投资武器阿拉丁的开发。[阿拉丁（Aladdin）是"资产负债（asset liability）和（and）债务（debt）、衍生品投资网络（derivative investment network）"的首字母缩写。] 阿拉丁吸收了各种定量和定性数据，构建了经风险调整的实时投资策略，并实时提供对单项交易的深入分析。

谈到规模化的能力，戈德斯坦说："我相信，过去几年出现的新技术……确实开启了以全新方式大规模评估和管理投资的机会。只是比例尺度不同。"[16]

戈德斯坦的团队开发了数字工具，用来揭示全球股市的隐性模式，使团队能够在市场趋势流行开来之前，利用这些模式进行明智的交易。以下是引用自贝莱德 2015 年 10 月的一份报告：

> 其中一个已被证明有效的策略是，首先找出一些看似无关的股票，它们具备共同的经济回报驱动因素……为了找到从根本上有关联但表面上相关性不明显的公司，我们使用了文本挖掘算法，通过这种算法可以解读大量书面材料，比如公司报告、监管文件、博客和其他社交媒体等。这些工具使我们能够识别具有类似回报驱动因素的证券，尽管它们在行业分类、所在国、市值和供应链地位等因素上存在差异。我们的分析揭示了看似无关的证券之间的隐性联系，比如一家法国测试和检验公司、一家荷兰海事基础设施公司、一家硅谷科技公司和一家总部位于美国的全球金融服务公司之间存在联系。虽然它们看起来属于完全不同的群体，但

事实证明，法国测试和检验公司的客户横跨了从工业到银行业的各个行业，而硅谷科技公司的商业模式的一部分包括提供类似的测试服务。只有对其业务进行深入分析，才能揭示出这些公司跨越多个行业的联系[17]。

听上去很熟悉，对不对？

这是应该的。因为这与我们在本书中描述的"外星人"思维类似——通过仔细观察各种信息来源，寻找违反直觉的观点，拒绝得出传统答案，以及对假设进行仔细的检验。这些步骤正是阿拉丁要遵循的，只不过是在巨大的规模上。

值得注意的是，阿拉丁不仅分析交易数据，比如交易量和价格，还分析非结构化数据，比如公司报告、博客和其他社交媒体信息。大规模分析传统上是以人为中心的活动，因为计算机无法轻松捕获或分析非结构化数据。非直觉推理超出了计算机的能力范围，因为计算机的设定太符合逻辑了。

如今却不是这样了。现在的分析系统可以输入各种各样的信息——从电子邮件、网站到音频和视频，并且都是实时的。建立联系、识别模式和揭示可能见解的推理工具和算法也得到了极大改进。事实上，它们正在使关注、悬浮、想象、实验和导航变成一个工业化过程。

通过大规模通信赢得战争胜利

斯坦利·麦克里斯特尔（Stanley McChrystal）给人的印象不是典

型的"外星思考者"。他是一名干脆利落的退役军人，在 2010 年作为四星上将退役之前，他的整个职业生涯都在美国武装部队度过。然而，在近代史上，他比任何人都更有可能改变军队的运作方式。

让我们接下来讲讲发生在 2003 年的故事。当时，他受命领导联合特种作战司令部（Joint Special Operations Command, JSOC），这是一支特遣部队的指挥机构，负责指挥和监管包括陆军游骑兵（Army Rangers）和海军海豹突击队（Navy SEALS）在内的几支精英反恐部队。联合特种作战司令部领导了对抗全球恐怖组织，特别是伊拉克基地组织（AQI）带来的新威胁。

麦克里斯特尔很快意识到，伊拉克基地组织正在取得胜利。尽管美国武装部队拥有世界上最多的军事预算、最尖端的装备、最新的技术和最训练有素的士兵，但他们在地面战斗中输给了更敏捷灵活的部队。"我们是世界上最精锐的部队，拥有无可匹敌的军队纪律、训练和资源，但我们面对的是一个与我们截然不同的组织，"麦克里斯特尔说，"基地组织是一个完全不同的怪兽，是一个分散而灵活的组织网络。为了赢得战争，我们需要追踪整个网络，而不仅仅是少数顶层领导者。"[18]

美国军队采取传统的方法来对抗伊拉克基地组织——这是他们一直在做的事情，但要做得更好。 然而，传统方式并没有起作用。军队经常受到袭击，等到情报传到时，为时已晚。当他们终于抵达战场时，叛乱分子早就跑了。军队在规模和火力上的传统优势，在对付这种更加敏捷的敌人时几乎不起任何作用。

麦克里斯特尔承认，他们需要采取不同的做法。但是，当他们已经拥有了最好的一切时，如何还能变得更好呢？

他意识到，主要问题是沟通的失败。部队中的藩篱意味着信息不能在职能部门或部队之间共享。战地部队没有与华盛顿特区或位于北卡罗来纳州布拉格堡的舰船联合作战中心的情报分析人员或宏观决策者互动。空军、海军、陆军和海军陆战队对彼此都有很深的成见。一种不信任的文化，再加上对保密的强烈关注和必须由固定通信渠道交流的惯例，意味着分享的信息很少，即使有，分享速度也很慢。

麦克里斯特尔说，为了改善特遣部队内部的沟通，他们"重新设计了总部，开放了能容纳所有人的场所，安装了最先进的技术来显示信息，并允许跨多个屏幕进行视频会议"。"从华盛顿的分析师到摩苏尔的地面运营商，我们几乎狂热地专注于在特遣部队中共享信息，我们每天都举行一次长达90分钟的内部会议，与全球7 000多人分享最新情况和经验教训。"[19]

这些会议是对常规的彻底改变。会议以往通常是临时召开的，只有少数人参加。现在，麦克里斯特尔让所有直接参与伊拉克战争的人都参加会议。很多人认为这种做法很疯狂，他们质疑信息泄露的可能性，他们抱怨时间太紧。起初，很少有人参加，所以麦克里斯特尔不得不以最引人注目的方式强调会议的重要性：他总是亲自参加，从不推迟或重新安排会议。不久后，与会者数以千计。

很快，信息流的增加带来了更好更快的决策。每当电话中出现问题时，总有人会有解决办法。人们变得更有信心，畅所欲言，分享他们所知道的。各武装力量和职能部门之间的信任开始重新萌芽。最重要的是，战争情况开始好转，美国军队能够追上伊拉克基地组织和其他恐怖组织的速度。

麦克里斯特尔不得不运用非常规思维，来改进与联合特种作战司令部总部通信的方法。他需要通过在日常战斗中推拉镜头来关注这个问题。他需要在精神上把自己从按照特定方式行事的职业生涯中解脱出来，利用巨大的创造力来找到新的解决方案。在找到最终解决方案之前，他需要尝试不同的方法、技术和程序。最重要的是，他需要说服一群有影响力的、持怀疑态度的高级军事领导改变他们的方法。

如果没有数字通信技术支持他的战略，这一切都不可能实现。想象一下每天有多达 7 000 人参加的 90 分钟全球实时会议的技术要求。想象一下需要实施的安全协议。想象一下各种位置的带宽需求，包括非常偏远的地方的设置。所有这些都必须加以开发，才能将一个突破性想法转变为可行的解决方案。

麦克里斯特尔发明的解决方案本质上是人性化的，是同事之间的实时对话。但这种解决方案是由一套先进的技术推动的，其中许多技术已经存在，但有些还需要构建。

前方的路

IBM 的超级电脑沃森（Watson）在诊断某些癌症方面比医生更出色。谷歌搜索可以帮你把要说的话补充完整。苹果语音助手 Siri 可以猜出你的心情。脸书可以描述你的个性。像软件框架 Apache Hadoop 这样的数据库环境已经被开发用于跨多个位置捕获所有形式的结构化和非结构化数据。组织可以使用 MapR、Cloudera 和 Hortonworks 等工具访问这些数据。分析引擎高居所有这些庞大的数据集之上，并从中挖掘出有价值的见解。

在某些方面，数字化已经将挖掘洞察力的过程工业化了。

对于大多数管理者来说，"外星人"思维是一项重大调整，挑战了他们关于如何管理和决策的最根深蒂固的假设。幸运的是，现在有一组数字工具和技术可以提供支持。这些工具帮助"外星思考者"将有趣的见解导航到有影响力的解决方案。想法是有趣的，但只有当这些想法被付诸实践并大规模实施时，才能实现价值。数字工具和技术可以通过三个数字化放大器帮助我们将洞见转化为行动：不用观察的数据、没有偏见的洞见和不折不扣的规模。

◆ 要点总结

- 通过将人的能力和数字化能力结合起来，"外星人"思维可以被放大。这种放大可以通过三种机制发生。

» 数字化放大器一：不用观察的数据。数字工具可以实现对行为的远程观察和数据收集。我们称之为数字赋能意识。通过传感器、信号灯和其他连接设备，或者通过观察社交媒体和其他协同应用上的行为，可以促进这种意识。

» 数字化放大器二：没有偏见的洞见。人类的行为充满了偏见和矛盾。数字工具虽然不能避免预设的偏见，但往往不太容易出现系统性错误。

» 数字化放大器三：不折不扣的规模。想法是有趣的，但只有当这些想法付诸实践并大规模实施时，才能实现价值。不幸的是，将有希望的想法从概念转向规模化实施是一项持续的挑战。许多数字工具的平台特性使它们能够以快速而成本低廉的方式扩展规模。

• 随着世界变得越来越快节奏，越来越变化莫测、复杂多端，"外星思考者"需要考虑新一代数字工具和技术如何增强创新过程。

◎ 问问自己

数字化放大器一：不用观察的数据

1. 我是否有机会通过物理传感器或数字传感器等自动收集数据？

2. 哪些数据是我目前没有收集的？

3. 我能否收集关于客户、员工或利益相关者的行为的客观数据？

4. 我是否过度依赖自己的观察？

数字化放大器二：没有偏见的洞见

5. 我的偏见是如何影响我的判断的？

6. 我能使用分析来支持我的直觉吗？

7. 我可以使用数字工具，例如，数据、图形或面板，来将数据可视化吗？

数字化放大器三：不折不扣的规模

8. 我可以使用数字技术来拓展我想法的范围吗？

9. 我能使用数字技术来更快地扩展我的想法吗？

第十章
迎接你内心的"外星人"

当皮卡德与航空公司接洽时，他希望制造一架能在夜间飞行的太阳能飞机，却被告知这是不可能的。经过大约 5 分钟的计算，这些专家得出结论：无法收集和存储足够多的太阳能，使飞机在空中持续飞行 24 小时。

当皮卡德努力追寻自己的梦想时，他脑海中有时会响起这些专家的声音。回顾他的成就，皮卡德承认："老实说，过程非常艰难。我从没想过会如此艰难，成本会如此高昂，耗时会如此漫长。有太多的挫折，有太多的时刻让我以为'我们不会成功的。如果能成功，那就是奇迹了'。这架飞机太脆弱了。当地面上的风太大时，没有人能控制住飞机，飞机随时有被摧毁的危险。有很多时候，我们差一点就失败了。"[1]

外界的所有声音都告诉你这是不可能的。此外，你还要对抗内心的声音。这些声音要么让你怀疑自己努力的价值和成功的可能，要么让你质疑自己坚持到底的能力。由于人们既定的思维方式，要成为一名"外星思考者"并不容易。

内部障碍

我们已经讨论了阻碍人们进行非常规思考的障碍和偏见。但还有其他心理障碍需要克服，这些障碍根植于你特定的心理构成：你容易受到负面情绪的打击，你所谓的优势可能为你设置陷阱。

自我管理的难题经常出现在谈论领导力的文章中，但在创新创业相关的文章中却很少提到。

实施突破性解决方案的过程不仅是一次创新之旅，也是一趟通往内心的旅程。在这个过程中，即使是"外星思考者"，也会被恐惧、怀疑、遗憾和挫折所困扰，或者相反，被盲目自信、确信无疑和无懈可击的感觉所困扰。你的情绪会带来麻烦，你的性格也会。矛盾的是，你可能同时因为你的优缺点而陷入困境。

为了避免误入歧途，你必须学会管理你的情绪和你自己。

恐惧因素

作为一名创新人士，你所遭受的大部分精神和情绪压力都源于恐惧。恐惧是一种让你感到安全和舒适的重要情绪。恐惧也是对非同寻常的行为的有力威慑。

当你开始一段创新或发现之旅时，你必须直面你对可能发生的事情的恐惧。一个极好的例证就是，世界卫生组织要求费舍尔博士前往几内亚，为应对致命的埃博拉病毒疫情开拓新的思路。费舍尔有在资源紧缺的环境中治疗危重病人的经验，但他是一名呼吸系统专家，而埃博拉病毒却不是呼吸系统病毒。

"我跟妻子进行了一场艰难的对话。"他回忆道。

　　她说："为什么是你？你不该被派到那里去。"她说得没错，我几乎没有治疗病毒性出血的经历。但我拥有的技能，让我可以走上一个也许会有所作为的岗位。

　　我告诉妻子："你看，我是做这件事的最佳人选，因为我知道如何照顾重症患者，我知道如何保证自己的安全，而且我以前在这种条件下工作过。"但她没有被说服[2]。

我花了大约一周的时间来办签证、接种疫苗，而那一周的时间让我情绪非常紧张。费舍尔回忆道："在我抵达之前的那个星期……是我一生中最紧张的经历。我告诉世界卫生组织的人：'你得想办法让我上飞机，否则我就不去了。如果我再为这件事发愁，我就立刻退出名单……'说实话，如果再多等一天，我就不会去了。这种恐惧感压倒了一切。"[3]

皮卡德选择独自驾驶太阳能飞机度过黑夜时，也是在拿自己的生命冒险。当然，引发焦虑的不一定非得是生死攸关的事。本书中的许多"外星思考者"都冒着可能改变生活的风险：皮萨帕蒂放弃了研究员的稳定职业，用房子抵押款来制造可食用的勺子；特拉循环的萨奇从普林斯顿大学辍学，把所有积蓄都投入到"蠕虫杜松子酒"装置中，生产名为"蠕虫便便"的有机肥料；麦克莱恩离开了他的卡车公司，基于一些未经验证的航运理念建立了一个新的企业；趣志家联合创始人洛佩兹放弃了在通用电气资本的成功事业；而 Wysa 联合创始人詹温帕蒂和阿加沃尔分别放弃了在高盛和培生学习的高薪工作，为了发明一个致力于改善心理健康的聊天机器人。

他们的牺牲在大小和可逆程度上各不相同，但都涉及克服恐惧。尽管衡量你的想法的优点和潜力不是一件易事，但你往往知道为了追求梦想要牺牲些什么。你的大脑天生就会非常认真地对待这些风险。

预期的后悔

后悔是一种让人不舒服又难忘的情绪。后悔的经历与自责的感觉有关：

我本应该弄得更清楚的。

这是我自找的。

要是我能重新开始就好了。

这种事不会再发生了……

当你做的决定结果不妙时，你会为自己的努力、犯的错误或坏运气而感到后悔。这种情绪，往往促使你以后做出谨慎和保守的选择。就像前面提到的负责胡佛欧洲事务的副总裁，曾哀叹自己错过了收购戴森的无尘袋真空吸尘器的机会："我真的很后悔没有把戴森的产品技术拿走，把它放在架子上，这样它就不会被人使用。"[4] 即使完全知道这一产品技术引起的惊人变化，他仍然后悔没有做出维持现状的决定。

后悔的痛苦情绪不仅仅发生在回首往事时。心理学家发现，你也会把自己投射到未来，体验"预期的后悔"。你会想象如果一个决定被证明是错误的，你会感到多么后悔[5]。

在许多已然做出和未做出的决定中，对未来后悔的恐惧显得尤为突出。研究表明，你所预期的后悔远比你实际经历的后悔多[6]。当你做出非常规的选择时，你对未来后悔的预期会更强烈。如果你做了别人不会做的选择，你会很难不自责。

一位高管是这样描述这种困境的："我在自动扶梯上往上走，但为了创新、试验或从失败中学习，我不得不离开自动扶梯。我不知道之后还能不能回去……我真后悔跳下去了。"[7]

你提前惩罚了自己。当你有机会不走寻常路时，你的大脑会产生焦虑和怀疑，劝你不要冒不必要的风险。你的职业轨迹是可以预测的，有稳定的家庭生活和经济保障。你知道你要放弃什么，但你不确定你会得到什么。

通常情况下，预期的后悔会让你沿着老路子思考。但这种认知上的扭曲可以转化为你的优势。

与其因预期的失败而感到遗憾，不如对预期的后悔进行重构：想象一下，如果你甚至不去尝试，你会有什么感觉；想象一下，当你回头看你错失了改变世界的机会时，你会有什么感觉；想象一下，你没有听从自己的内心，而是决定要谨慎行事时，你又会有什么感觉。学者们称之为存在主义的遗憾（existential regret）[8]。

想想皮萨帕蒂。这位农村发展研究员试图通过用种植小米取代种植耗水的水稻，来应对印度地下水枯竭的问题。他以小米为原材料制作有机餐具的设想，花了十年才成为一项可行的业务。

回想起来，他深深后悔自己为了追逐梦想而牺牲了陪伴家人，尤其是女儿。他说："我唯一的女儿已经忘记了她简单的需求……我知道我不能把她失去的童年还给她，也不能像别的孩子的父亲一样宠爱她。"[9]

帮助他度过这段艰难时期的是，如果他什么都不做，他会感到后悔——地下水的水位将在 30 年内降低一半，与此同时，土壤和河水的质量也会下降。"等我女儿到了我这个年纪时，地球就不适合居住了。我的斗争是为了给他们这代人一个奋斗的机会。"[10]

对皮萨帕蒂来说，未来会后悔的情绪是如此强烈，使他克服了对给女儿造成痛苦的后悔。让他坚持下去的是更伟大的目标：事业。

"外星人"不敢涉足的地方

恐惧情绪有时也是一种过度保护。人类进化出恐惧情绪是为了避免在生死关头做出危险的决定。如今，许多原始的威胁已经不复存在（想想你最后一次被剑齿虎跟踪是什么时候）。因此，相反，你关注的是你的舒适、地位和自尊层面的次一级的风险。此外，你通常会高估失败的后果，低估自己从挫折中快速恢复的能力。

评估一个新风险时，恐惧主要源于两个方面：（1）对想法本身的怀疑；（2）对你是否能把想法转化为现实的怀疑。

毫无疑问，你会难以确定一个想法的有效性和潜力。例如，虽然谢尔德里克完全相信他的三词地址相较于目前定位系统的优越性，他却怀疑自己的理念是否会被广泛接受。当他向投资者介绍这个想法时，收到的普遍反馈是："这有点不切实际，如果你认为这个想法会被采纳，那你一定是疯了。"[11] 谢尔德里克面临的挑战不仅是说服人们购买一种新产品或服务，而且是说服人们采用一种与全球地址系统和 GPS 坐标完全不同的新标准。

他并不担心如何发展生态系统的问题，而是专注于寻找同样认为目前的系统是一个明显痛点的合作伙伴。早期产品的使用者多种多样，有联合国（用于救灾）、蒙古国政府（用于邮政服务）和梅赛德斯 - 奔驰（用于语音识别车辆导航系统）。这些使用案例证明了该系统能达到效果，但是仍然需要足够多的用户来产生群聚效应。正如谢尔德里克所承认的："即使是喜欢三词地址并且知道自己的三词地址的人，你要让他们成为常规用户同样要做出巨大的行为改变。你必须钻进你的车里，用寻常的语气说'带我去餐桌·卷心菜·勺子'，这种感觉对我们来说有点奇怪。"[12] 他的解决方案是一步一步来，这是一个慢慢正常化的过程。"我认为，我们只是沿着传送带把人们的看法从'疯狂、有点古怪，但既酷又有趣'，传送到'它真的有用，我可以在很多地方使用它，它将成为一个真正的系统'。"[13] 你对自己想法的怀疑加剧了对创业成功的焦虑：你有能力实现你的想法吗？即使是经验丰富的企业家也会怀疑他们经营新企业的能力。比方说，霍奇以前曾做过人力资源专员和企业家，但那是在入狱五年之前。"我在 50 多岁的时候就已经预见到，我会放慢速度，而不是重新开始。"[14] 她担心自己可能没有足够的精力。此外，她还计划瞄准民用技术领域，但监禁的时光严重影响了她使用数字技术的技能。她说："我知道我必须回家，把科技融入我的生活……为了迎头赶上。"[15] 帮助她克服不足的是专注于自己的优势。"我不是数据专家,也不是研究员,我不写代码,"她承认,"但是我有足够的商业经验,我有在这个国家被囚禁的一手经验。于是,我弄明白了。"[16]

除了对能力的担忧,你还可能担心投资者或合作伙伴对你的信任程度。你可能会害怕别人对你的评价,怀疑别人是否会认真对待你。回想一下曾作为汽车修理师的奥东的案例。一想到要与产科医生分享他那牵强的用产钳帮助把婴儿从产道中取出来的分娩方法,他就畏缩不前。奥东后来回忆起他的担忧时说:"当你发明了一些你觉得有点疯狂的东西时,你告诉自己:'但如果是在互联网上……我又不是医生。我到底在这里做什么?'你满腹狐疑。你的内心被疑虑折磨,使你感到非常痛苦。"[17] 他们肯听奥东的话吗?如果他们听了,他们会想办法窃取他的想法吗?奥东的补救办法是带一个工程师朋友一起去开会。

对于创新者和颠覆者来说,这种焦虑是可以理解的,他们经常在自己的舒适区以外工作——获取新的知识和能力,抛弃旧的思维方式,并实现信仰的飞跃。你肯定会怀疑自己能否应对非同寻常的挑战,也会担心自己显得愚蠢无能。正如布兰森所说:"对企业家来说,感到失控、担心自己脚下的地毯随时被人扯掉是很正常的。"[18]

驾驭恐惧

当你正处于成长和积极改变的阶段时,恐惧是一种常见的反应。如果不加以控制,恐惧会压倒创造性思维,让你陷入一种焦虑、不自在和没有把握的状态。但恐惧并不一定是一种消极情绪或负面能量。

　　恐惧也可以是一种驱动力。布兰森强调了它积极的一面："轻微的紧张感会让思维变得敏锐，让你分泌肾上腺素，帮助你集中注意力。重要的是不要害怕恐惧，而是要驾驭它——把它作为推动你的事业更上一层楼的燃料。毕竟，恐惧是一种能量。"[19]对失败的恐惧促使你找出想法的缺陷，并鼓励你去寻找那些能够提供建设性意见的人。问题是，恐惧通常是一种弥漫开来、压倒一切的感觉，而不是一种明确的想法。要利用恐惧，你首先需要找到恐惧的根源。

　　"外星思考者"不会压制或忽视恐惧。相反，他们对恐惧非常关注。我们已经大致区分了哪些是与你的想法有关的恐惧，哪些是对你实施想法的能力的恐惧。我们还强调了对不走寻常路和失败的恐惧。对企业家的实证研究已经精炼出了这三个类别，并确定了恐惧常见的七种来源：财务安全、投资能力、个人能力或自尊、对想法的潜力的担忧、对社会尊严的威胁、企业的执行能力和机会成本[20]。

　　准确找到恐惧的根源对克服恐惧至关重要。只有这样，你才可以采取行动减轻焦虑。正如皮卡德所言："怀疑是如此迷人。如果你有疑虑，意味着为了寻找更好的解决方案，你要再试两次，甚至20次。如果你有一个信念，你知道它是怎样的，于是你走直线去做了，通常你会遇到障碍——然后失败。"[21]如果你确信恐惧源于你个人的缺点，那么可以通过学习、查找信息或合作的方式来提高你的能力，帮助你减轻这些疑虑。

　　要变成"外星思考者"，需要改变自己与恐惧的关系，学会解读恐惧并将其转化为行动。《高效能人士的7个习惯》（*The 7 Habits of Highly Effective People*）一书的作者史蒂芬·柯维（Stephen Covey），曾受奥地利心理学家维克多·弗兰克（Viktor Frankl）对集中营的反思的启发，写道："在刺激和反应之间，有一个空间。在那个空间中，我们有力量选择自己的反应。而我们的反应展现了我们的成长和自由。"[22]

为了成为"外星思考者"，你必须学会管理你的情绪反应，不仅是对可能发生的事情而言，还包括对已经发生的事情。

自我解剖的心态

除了恐惧，另一个影响情绪的重要因素是沮丧。沮丧是对已发生或未发生的事情感到失望和遗憾的结果：一种认为自己没有进步甚至倒退的感觉，一种认为自己做出了错误决定的感觉。

韦特金斯回忆了他在努力为自己的创意筹措资金时历经的挫折："当我第一次向其他人提出用老鼠来探测地雷时，他们都嘲笑我。我跟比利时家乡的军队以及其他一些组织谈过这件事，但他们都说我疯了……当我的想法不断被拒绝时，我感到很沮丧。然而几年后，我走运了。我遇到了一位以前的大学讲师，他认为这是个绝妙的想法，于是帮我联系上了比利时发展公司（Belgium Development Corporation），我终于获得了研究启动资金。"[23]

韦特金斯不仅要忍受嘲笑和拒绝，之后还不得不与一些之前拒绝过他的组织合作。作为佛教禅宗的信奉者，韦特金斯用禅修来克服这些挫折和怨恨。

成功并不一定会减少挫折感。在六年的旅程中，帕维根的肯鲍尔-

库克注意到："我有时候感觉很低落……我可能比刚开始做这个项目时感觉更糟。我对它从来都不满意，因为我们的技术并没有应用于世界上的每条街道。在那之前，我都不会停歇，我都还没有成功。这是我的目标，但无法在一夜之间实现，也许这就是我感到沮丧的原因。"[24]

对肯鲍尔-库克而言，铁人三项训练是一个消除挫折感和正确看待问题的好办法。"运动是将自己从这些挑战中抽离出来的一个好办法，"他说，"如果你花八个小时骑自行车，骑自行车上山，你会惊奇地发现，你已经思考过、处理过了这么多的问题，并且找到了解决方案。如果你只是从 A 跑到 B 再跑到 C，你就会忘记大局。"[25]

除了从失望中后退一步，另一个抵御挫折感的关键在于你对待失败的态度。当事情没有如你所愿时，你很容易被消极情绪打倒。正如特拉循环的创始人萨奇观察到的那样："当有人对你说'不'的时候，人们的情绪反应是沮丧和恼怒。能让你从这样的事情中获得最大价值的，就是问自己'为什么'之类的问题。为什么会这样？怎么样才能做得更好呢？"[26]

你要忍住继续前进的冲动，把失败抛到脑后。你必须做一个事后总结：是什么地方出错了？为什么出错？哪些假设被证明是错误的？你可能意识到，是缺点掩盖了优点，但这并不意味着优点价值失效。也许你可以找到利用这些优点的新方法。

这种自我解剖的心态有助于你应对失望情绪，从中恢复过来。它有助于培养精神上的坚忍——李惠安（Angela Duckworth）① 称之为"坚毅"（grit）。

---

① 华裔女科学家，宾夕法尼亚大学心理学教授。——译者注

回想一下菲利普斯的例子，当他为"猎豹"假肢进行不同设计的实验时，他不得不从数百次失败中重振旗鼓。他以大约每周设计一个的速度尝试了300多个假肢原型。"每次原型坏了，都让人心碎，"菲利普斯承认[27]，"我会陷入深深的抑郁中，因为我已经体验过跑步了，当假肢坏了，我又不得不回到原点重新开始。"[28] 你必须诚实地看待失败。每次失败后，菲利普斯都会改变设计或材料，然后再试一次。

让他坚持下去的是强烈的学习欲望，以及想到能再次奔跑时的短暂兴奋。正如菲利普斯所说，想法十有八九是行不通的："正是对梦想的执着，使（你）可以做一些事情，使（你）真正能坚持到最后。"[29]

除了被你的恐惧和负面情绪所困扰，你也可能被你以为的优势击败，它们会绊倒你，甚至让你出局。

好品质也可能变成负担

"外星人"思维受益于你可以随着时间发展的个人特征，比如同理心、求知欲、开放性、毅力和说服力。但如果走极端，同样的品质也会变成负担[30]。

与"外星人"思维相关的许多品质都有黑暗的一面。你必须注意这一点。

关注需要同理心，也就是设身处地为他人着想的能力。但是，同理心太强会使人变得脆弱。回想一下韦特金斯的例子。他去非洲是为了更好地了解当地农民因为地雷而无法进入农田的情况。韦特金斯与他们建立了联系，决心找到办法帮助他们依靠自己解决问题。

回顾过去，他指出了过于同情他人的危险，尤其是对社会企业家而言。"企业家应该小心，不要因为与他们所解决的问题产生共鸣而被吞噬，"他警告说，"所以，他们首先必须照顾好自己，必须注意自身的可持续性；其次是关心他们所爱的人；最后，只有所有这些都处于平衡和有条不紊的状态时，他们才能以可持续的方式对社会产生效益。"[31]创新使人沉浸的本质可能导致你忽视个人幸福，忽视在整个过程中给予你支持的亲密关系。

悬浮仰仗于求知欲：自我反省和想要弄清楚情况的欲望。回想一下先锋派名厨阿德里亚，他每年都要将斗牛犬餐厅停业休息六个月，以"自我重塑"[32]。2011年，他将餐厅永久关闭，改造成了一个研究实验室和展览中心——不仅展览烹饪，还展览整个创新过程。

该中心本应在三年内开业。但截至本文撰写之时，已经逾期近七年了。在这十年里，自我反省并没有停止。阿德里亚面向顶级商学院发起了竞赛，为他创立的基金会征集创意。他还在世界各地组织了六场系列展览，他告诉记者："多亏了这些经历，我们的项目在很多场合得以重塑。"[33]《金融时报》（*Financial Times*）曾报道："斗牛犬基金会（El Bulli Foundation）的项目规模巨大，自餐厅关门以来一直处于变化中。"[34]

求知欲太甚，会导致思虑过度。自我质疑会使人衰弱，使你无法确定行动的方向。在一种情况下对阿德里亚如此有利的反思循环，在另一种不太有条理的挑战中却妨碍了他的进展。

想象依赖于对新奇事物的开放态度。但你也不能太过开放。这种批评针对的是谷歌的联合创始人布林，他有患有"项目注意力缺乏症"

的名声，总是短暂沉迷于一个项目，然后又跳到下一个[35]。据说，是这种倾向导致了谷歌眼镜的失败，当时布林亲自参与了这个项目的运营，但是他缺乏必要的耐心，使这款远远没有准备好的产品提前发布了[36]。

对新奇事物过于开放可能会让你不自量力，戴密斯·哈萨比斯（Demis Hassabis）就是一个例子。他与人合作创造了热门电子游戏《主题公园》（*Theme Park*），然后创立了自己的游戏公司 Elixir Studios。回首过去，他从那次经历中吸取了重要教训。"对于公司，我想做的是在所有方面同时进行创新……我想创造全新的图像引擎、全新的人工智能引擎，为游戏呈现一种艺术表达效果。"[37]他最终孵化出的产品只是初始愿景的一个缩影，而且开发耗时太长，尽管帮发行商赚了钱，却没有收回成本。哈萨比斯承认："我太理想化了……我们想做的太多了。你必须在你要努力推动的创新维度上做取舍。"[38]

实验需要坚持——专注和自律，不断测试和适应不同的解决方案。连续发明家戴森说："当你想要放弃的时候，恰恰就是其他人放弃的时候。所以，到了那个时候，你必须付出额外的努力。"他发明了 5 000 多个以他的名字命名的真空吸尘器的原型。"你的成功在于理解到别人也会疲惫，所以当你感到疲惫时，你应该提速。这就是你开始成功的时候。"[39]

本书提到的许多颠覆者——尤其是皮卡德、肯鲍尔－库克、菲利普斯、韦特金斯和皮萨帕蒂——都在坚持不断实验，远远超过了理智的人会放弃的临界点。尽管专家警告他们这是在浪费时间，他们还是成功了。但这种有益的对建议的漠视一不小心就会过头。一心一意变成了固执，选择性听取意见变成了不接受意见。深度思维创始人哈萨比斯捕捉到了这种困境："你必须克服许多令人痛苦的障碍，才能获得有用的东西。但是，当你全速跑进死胡同的时候，你又怎么能知道呢？还有，什么时候应该及时止损，把你学到的知识用在别的事情上呢？"[40]

导航阶段需要说服力。天生自信热情、精力充沛的创新者会更擅长动员团队、员工、投资者和合作伙伴。但是，你说服力太强，也会使你不允许别人挑战你，这里所说的"别人"不仅仅是你的下属。回想一下魅力非凡的卡门和他的公司赛格威。他向投资者推销自己的愿景时是如此有说服力，从而让他的公司获得了足够的资金来秘密进行这个项目。为了筹集新的资金，要避免让这个项目受到外部审查或反对。因此，在有关平衡车设计和使用的基本问题上他们没有遭遇足够的阻力。

霍尔姆斯在西拉诺斯也是如此。霍尔姆斯经常被比作乔布斯。她说服了许多知名人士加入她的董事会，并设法从号称很精明的风险资本家那里筹集了数百万美元。她对血液检测改革的吹嘘令人眼花缭乱，没有受到董事会成员和投资者的质疑。他们从未提出一个基本的问题：这个东西真的有用吗？

事实是它未必有用[41]。

你可以用你的才华、激情和自信，使内部对话和探索的渠道关闭。深度思维创始人哈萨比斯说："奇怪的是，你实际上可以过度鼓舞人们，以至于他们不会理性地思考在一定的时间内可以实现什么。"[42]

在看到一些对"外星人"思维有益的品质的同时，你也必须意识到它们的局限性。你必须注意切勿夸大你的优势。任何品质走向极端都有可能适得其反。此外，一个领域的优势可能是另一个领域的劣势。例如，与想象相关的猎奇倾向和与实验相关的专注和自律难以共存。

悬浮所需的自我质疑和反思的品质与导航需要的说服力也不一样。

解决这些紧张关系问题的一种方法是不断在五个维度之间切换，尝试找到它们之间的动态平衡。

在这五个方面都出类拔萃是非常困难的。一个领域的优势不能弥补另一个领域的不足。"外星人"思维要求你能做到所有这些——尽管不一定要靠你自己。

增强自我意识

我们每个人都有优点和缺点，但针对领导者的研究有力地表明了，使你的优缺点走向歧途的是自我意识的缺乏[43]。对"外星思考者"来说也是如此。

自我意识关乎理解自己的能力、情绪和动力。你的离群倾向体现在哪些方面——那些你以为是常态的思维或存在方式实际上是例外？你的弱点是什么？

如果没有自我意识，你会发现很难制定出能够提供突破性解决方案的应对策略。你知道如何最大限度地利用你所拥有的东西，并获得你所没有的东西吗？

公开你的缺点和特异品质是对待它们的一种方法。当你陷入一种不正常的行为模式时，人们会更容易读懂你，并告诉你这一点。

另一种常见的矫正方法是，在自己周围找一些可以和你互补的人。如果你是一个没有条理的人，就找一个做事井井有条的人；如果你倾向于从大局出发，就找一个实用主义者；如果你容易冲动，就找一个更善于规避风险的人；如果你过于信任他人或太过开放，就找一个更多疑或有政治智慧的人。

例如，特拉循环的萨奇就知道自己很擅长用自己的激情说服和刺激追随者。他也认识到这种能力的危险性："它会将人吞噬……当这些人相信你的时候，他们可能是盲目的。所以，你不会受到任何挑战。"[44]

为了对抗这种风险，萨奇不遗余力地鼓励批评。"我的公司里有一位首席行政官。他和我经常发生冲突，我的意思是，这是史诗级别的；不是真正的打架，而是哲学上的冲突。但是，公司每次都会变得更好，因为他迫使我重新审视我不一定准备充分的基本假设，因为我只想继续前进，我老是相信我的想法是正确的。"[45]为了让其他人敢于直言，与首席行政官的讨论都是公开的。"在公开场合进行争吵，向人们展示意见不同是完全没问题的。"[46]这点体现出他乐于接受挑战和反馈，而人们不会因为反对他的观点被解雇。

比任何具体的优势或劣势更重要的是你的自我意识。你需要知道你的天然倾向是什么，以便做出改善或进行弥补。

"外星人"思维诊断

如果你想挑战现有的规范或惯例，你必须首先挑战自己的假设。你必须更加注意自己的习惯性思维和行为方式，更加愿意承认自己可能是错的。

人格评估和360度反馈虽然可以扩展你的自我意识，但它们往往难以与"外星人"思维框架的五个维度相对照。为了衡量你的创新能力，我们设计了一个基于行为的诊断测试（见图 10-1）。这个测试可以让你对自己的"外星人"思维能力进行评价。为了检验你的创新过程的稳健性 ①，请填写问卷，并计算出你在每个要素上的平均分。把你的注意力放在最低的一两项分数上。

目的不是改变你的性格 [47]。你需要意识到自己的特异倾向，并了解别人是如何看待这些倾向的。本书中成功的变革者为了实现他们的目标，都必须在自己身上下功夫。

归根结底，挑战在于通过关注当前的现实（你的长处和短处，你的习惯，你在做什么，你如何支配你的时间），将"外星人"思维应用于你的自我发展：悬浮用于反思你想要什么（什么对你很重要，你相信什么，什么给你力量）；想象其他的轨迹（你还可以做什么，你有什么选择，你可以消除什么障碍），尝试新的思维或存在方式（放弃旧的习惯和惯例，尝试可能帮助你成长的新体验）；通过导航驾驭变化（预测障碍，联系可以提供反馈和指导的人）。你可以翻到本章末尾，进行"外星人"素质测试，评估你的优势领域和那些需要改进或需要互补伙伴支持的领域。要改变世界，你必须愿意改变自己。你已经拥有了"外星人"思维框架，但成功实施它要从你开始。

◎ 要点总结

• 鉴于人们的既定思维方式，要成为一名"外星思考者"并不容易。除了前面讨论的原创性思维和创造力的内部障碍，你还要面临管理自

---

① 稳健性检验考察的是评价方法和指标解释能力的强壮性，也就是当改变某些参数时，评价方法和指标是否仍然对结果保持一个比较一致、稳定的解释。——译者注

己的情绪和增强自我意识的挑战。

- 在开启创新或发现之旅时,你必须克服对可能发生的事情的恐惧。
- 你可能还必须克服"预期的后悔"——想象如果一个决定被证明是错误的,你会感到多么后悔。一种解决办法是通过"存在主义的遗憾"。与其想象失败,不如想象一下:如果你甚至不去尝试,你会有什么感觉——如果你没有听从自己的内心,而是决定要谨慎行事,你会有什么感觉。
- 恐惧并不一定是一种消极情绪或负面能量。恐惧也可以是一种正向的驱动力,可以促使你找出想法的缺陷,并鼓励你去寻找那些能够提供建设性意见的人。
- 准确找到恐惧的根源对克服恐惧至关重要。只有这样,你才可以开始采取行动减轻焦虑。要变成"外星思考者",你需要改变自己与恐惧的关系,学会解读恐惧并将其转化为行动。
- 另一个影响情绪的重要因素是沮丧。沮丧是对已发生或未发生的事情感到失望和遗憾的结果。要克服沮丧,就要从这种情况中后退一步,采取一种自我解剖的心态,做一个事后总结:是什么地方出错了?为什么出错?哪些假设被证明是错误的?你可能意识到,是缺点掩盖了优点,但这并不意味着优点价值失效。
- 除了被恐惧和负面情绪所困扰,你也可能被你以为的优势击败。它们会绊倒你,甚至让你出局。注意切勿夸大你的优势。
- 自我意识是制定应对策略的关键,它能让你制定出突破性解决方案,而不会误入歧途。
- 人格评估和360度反馈虽然可以扩展你的自我意识,但它们往往难以与"外星人"思维框架的五个维度相对照。想要衡量你的创新能力，请使用图 10-1 来评估你的"外星人"思维能力。

关注

我会定期体验作为用户或客户的感觉

1	2	3	4	5	6	7
不同意　　　　　　　　　　同意

我能注意到别人所忽略的微妙变化或令人惊讶的事情

1	2	3	4	5	6	7
不同意　　　　　　　　　　同意

我使用数字工具来持续监控我所处的环境

1	2	3	4	5	6	7
不同意　　　　　　　　　　同意

我对行为方式截然不同的顾客感到好奇

1	2	3	4	5	6	7
不同意　　　　　　　　　　同意

悬浮

当我深入思考细节的时候，我也会花时间考虑大局

1	2	3	4	5	6	7
不同意　　　　　　　　　　同意

我会参加与我所关心的核心行业无关的活动

1	2	3	4	5	6	7
不同意　　　　　　　　　　同意

我试图挑战自己对问题的默认看法

1	2	3	4	5	6	7
不同意　　　　　　　　　　同意

在我所关注的问题上，我会寻找持不同观点的人

1	2	3	4	5	6	7
不同意　　　　　　　　　　同意

想象

我公开质疑公认的惯例和假设

1	2	3	4	5	6	7
不同意　　　　　　　　　　同意

我会把无关领域的想法混合在一起

1	2	3	4	5	6	7
不同意　　　　　　　　　　同意

我试图创造性地将我观察到的事物联系起来

1	2	3	4	5	6	7
不同意　　　　　　　　　　同意

我试图寻找乍一看并不显眼的解决方案

1	2	3	4	5	6	7
不同意　　　　　　　　　　同意

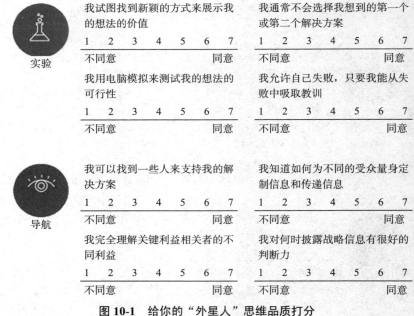

图 10-1　给你的"外星人"思维品质打分

◎ 问问自己

1. 你管理情绪的能力有多强？

2. 其他人（朋友、家人或同事）对你如何管理情绪有什么评价？

3. 你上一次经历预期的后悔或存在主义的遗憾是什么时候？为什么？

4. 如果你失败了，可能发生的最糟糕的事情是什么？你如何限制这种风险／将风险最小化？

5. 你能回想起你将恐惧转化为积极行动的时刻吗？

　　如果你想对抗正统观念，提高创新能力，这里是一个好的开始。请填写以上问卷，然后计算出你在"外星人"思维框架每个维度上的平均分。分数低于 4 分表示有需要改进的地方。如果出现了几个这样的情况，请把注意力集中在分数最低的一两项上。要想改进，请从各个章节中汲取灵感，寻找新的观点或技巧。同样，在创新之旅中，一定要留出时间有意识地定期进行反思。问问自己在上述问卷中提到的几个问题，并寻找能够弥补你弱点的互补型伙伴。

注　释

前言

[1] Brad Stone, *The Everything Store: Jeff Bezos and the Age of Amazon* (New York: Little, Brown, 2013), 234.

[2] David Pierce, "The Kindle Changed the Book Business. Can It Change Books?," *Wired*, December 20, 2017.

[3] Ron Adner, *The Wide Lens: What Successful Innovators See That Others Miss* (New York: Portfolio, 2012), 90–91.

[4] Stone, *The Everything Store*, 238.

[5] Adner, *The Wide Lens*, 96.

[6] 未曾相识（"vuja de"）的概念在创新领域已经流行了一段时间，但最先是在 1984 年由前卫喜剧演员乔治·卡林（George Carlin）在他的一个单口喜剧节目中提出的。他形容这是"一种奇怪的感觉，不知何故，这一切似乎从未发生过"。George Carlin, *George Carlin: Carlin on Campus*, Steven J. Santos 导演，1984 年 4 月 18-19 日拍摄，于 HBO 台首播。

[7] Marcel Proust, *Remembrance of Things Past*, trans. C. K. Moncrieff, vol. 5 of 7, The Captive (London: Chatto and Windus, 1923), 69.

第一章　探索原创力的 DNA

[1] 费舍尔 在瑞士洛桑国际管理发展学院于 2014 年 6 月 15 日举办的"设计致胜"（Orchestrating Winning Performance）会议上的演讲。

[2] 同上。

[3] 2018 年 5 月 7 日作者对费舍尔的采访。

[4] 费舍尔发布。

[5] 同上。

[6] Teresa Hodge, "Change Hiring Practices to Ensure Ex-felons Aren't Automatically Eliminated from the Running," *USA Today*, March 12, 2018.

[7] Wendy Sawyer and Peter Wagner, "Mass Incarceration: The Whole Pie 2020" (press release), *Prison Policy Initiative*, March 24, 2020, https://www.prisonpolicy.org/reports/pie2020. html.

[8] Teresa Hodge, "Teresa Hodge on Creating Opportunities for the Formerly Incarcerated," Racial Equity Video Series, SOCAP, June 4, 2020, www.social capitalmarkets. net/2020/06/racial-equity-video-series-teresa-hodge-on-creating-opportunities-for-the-formerly-incarcerated/.

[9] Derek T. Dingle, "Success Beyond Bars: How Teresa Hodge Financially Empowers Formerly Incarcerated Entrepreneurs," *Black Enterprise*, September 21, 2018.

[10] "About Us: A Note from Our Founder," R3 Score, 最后更新于 2020 年 6 月, https://www.r3score.com/f/About-Us/。

[11] Teresa Hodge, "#61 Teresa Hodge, R3 and Mission:Launch," Dave Dahl and Ladd Justesen, interview, *Felony Inc. Podcast*, Startup Radio Network, June 5, 2019, https://soundcloud.com/felonyincpodcast/61-teresa-hodge -r3-and-missionlaunch.

[12] "Mission: Launch Inc. Awarded 2015 SBA Growth Accelerator Prize to Unveil Business Accelerator for Formerly Incarcerated Persons," Impact Hub Washington, DC, August 4, 2015, https://washington.impacthub.net/2015/08 /04/accelerator-missionlaunch/.

[13] Teresa Hodge, "We Have Made Coming Home from Prison Entirely Too Hard," TEDx Talk, TEDxMidAtlantic conference "EVE: Everyone Values Equality," Washington, DC, November 16, 2015, YouTube video, 11:45, posted by TEDx Talks on April 8, 2016, https://www.youtube.com/ watch?v=ibcgMS-0mAs.

[14] Anne Field, "Startup's More-Nuanced Background Check Helps Ex-offenders Get Jobs," *Forbes*, July 17, 2019, https://www.forbes.com/sites/annefield/2019/07/17/startups-more-nuanced-background-check-helps-ex -offenders-get-jobs.

[15] 同上。

[16] 同上。

[17] Hodge, "Change Hiring Practices."

[18] Hodge, "We Have Made Coming Home."

[19] Edie Weiner and Arnold Brown, *Future Think: How to Think Clearly in a Time of Change* (Upper Saddle River, NJ: Prentice Hall, 2006), 7–21.

[20] Janet Landman, "Regret and Elation Following Action and Inaction: Affective Responses to Positive Versus Negative Outcomes," *Personality and Social Psychology Bulletin* 13, no. 4 (December 1987): 524–536.

[21] Olga Craig, "James Dyson: The Vacuum Dreamer," *Telegraph*, August 24, 2008, https://www.telegraph.co.uk/finance/newsbysector/supportservices/2795244/James-Dyson-the-vacuum-dreamer.html.

[22] Albert Meige and Jacques P. M. Schmitt, *Innovation Intelligence: Commoditization, Digitalization, Acceleration* (n.p.: Absans Publishing, 2015).

[23] 对这场争论的全面概述，参见：Cardiff Garcia, "Productivity and Innovation Stagnation, Past and Future: An Epic Compendium of Recent Views," *Financial Times*, March 11, 2016, http://ftalphaville.ft.com/2016/03/11/2155269/productivity-and-innovation-stagnation-past-and-future-an-epic -compendium-of-recent-views/.

[24] Gary Hamel, *What Matters Now: How to Win in a World of Relentless Change, Ferocious Competition, and Unstoppable Innovation* (San Francisco: Jossey-Bass, 2012).

[25] CB Insights, *State of Innovation Report*, 2017, https://www.cbinsights .com/research-state-of-innovation-survey.

[26] 关于过程模型的汇总表，参见：R. Keith Sawyer, *Explaining Creativity: The Science of Human Innovation*, 2nd ed. (New York: Oxford University Press, 2012), 89.

[27] Elmar Mock, "Reviving the Swiss Watch Industry: The Remarkable Story of Swatch," Mark Bidwell, interview, *OutsideVoices with Mark Bidwell* (podcast), December 19, 2016, https://innovationecosystem.libsyn.com/037-reviving-the-swiss-watch-industry-the-remarkable-story-of-swatch-with-elmar-mock.

[28] Alexander Osterwalder and Yves Pigneur, *Business Model Generation: A Handbook for Visionaries, Game Changers, and Challengers* (Hoboken, NJ: John Wiley and Sons, 2010).

[29] Jamie Williams, "Fischer Sees Medicine as a Way to Address Global Poverty," UNCGlobal, University of North Carolina at Chapel Hill, September 30, 2015, https://global.unc.edu/news-story/fischer-sees-medicine-as-a-way -to-address-global-poverty/.

[30] 作者对费舍尔的采访。

第二章　关注：用新的眼光看世界

[1] Raymond Zhong, "Can an Edible Spoon Save the World?," *Wall Street Journal*, October 25, 2016.

[2] Rakhi Chakraborty, "Eat What You Ate With: How Bakey's Is Combatting Plastic's War on the Environment with Edible Cutlery," YourStory.com, September 29, 2015, https://yourstory.com/2015/09/bakeys-edible-cutlery/.

[3] Dibya Swetaparna Sarangi, "A Piquant Wit: Narayana Peesapaty," Monday Morning, National Institute of Technology, Rourkela, September 5, 2016, https://mondaymorning.nitrkl.ac.in/article/2016/09/05/782-a-piquant-wit-narayana-peesapaty/.

[4] Zhong, "Can an Edible Spoon."

[5] E. Byron, "More Pet Brands Target Owners Who Like to Cook Their Own Dog Food," *Wall Street Journal*, May 27, 2014.

[6] 参见同康佑坤的课堂讨论, Advanced Strategic Management program. IMD, Lausanne, Switzerland, November 5, 2014。

[7] "Professor Yunus and the Origins of Grameen Bank," Grameen Italia Fondazione, n.d., http://www.grameenitalia.it/la-fondazione/professor-yunus-and-the-origins-of-grameen-bank/.

[8] Muhammad Yunus, *Creating a World Without Poverty: Social Business and the Future of Capitalism* (New York: PublicAffairs, 2007), 46.

[9] 同上。

[10] Pam Henderson, "Can Innovation/Creativity Be Taught?," David Robertson, interview, *Innovation Navigation* (podcast), September 6, 2016, http://innovationnavigation.libsyn.com/9616-can-innovationcreativity-be-taught。

[11] Yun Mi Antorini, Albert M. Muñiz Jr., and Tormod Askildsen, "Collaborating with Customer Communities: Lessons from the Lego Group," *MIT Sloan Management Review*, Spring 2012, 73–79.

[12] Yun Mi Antorini and Albert M. Muñiz, "The Benefits and Challenges of Collaborating with User Communities," *Research-Technology Management* 56, no. 3 (May–June 2013): 21–28.

[13] Simone Mitchell, "How IKEA Learned to Love IKEA Hacks (Almost as Much as We Do)," news.com.au, January 21, 2016, https://www.news.com.au/lifestyle/home/interiors/how-ikea-learned-to-love-ikea-hacks-almost-as-much-as-we-do/news-story/8f03b2779d680731 5763ef56b0cd6fda.

[14] John Wilbanks, "Unlocking Data and Unleashing Its Potential," panel on *Inside Social Innovation with SSIR* (podcast), June 5, 2017, https://ssir.org/podcasts/entry/unlocking_data_and_unleashing_its_potential。

[15] Volker Bilgram, Michael Bartl, and Stefan S. Biel, "Getting Closer to the Consumer: How Nivea Co-creates New Products," *Marketing Review St. Gallen* 28, no. 1 (February 2011): 34–40.

[16] Taylor Kubota, "Stanford Researchers Seek Citizen Scientists to Contribute to Worldwide Mosquito Tracking" (press release), *Stanford News Service*, October 31, 2017, https://news.stanford.edu/press-releases/2017/10/31/tracking -mosquitoes-cellphone/.

[17] "The Top 8 Reddit Statistics on Users, Demographics & More," Mediakix, December 28, 2018, http://mediakix.com/2017/09/reddit-statistics-users-demographics/.

[18] 参见乐高的成人粉丝板块 , https://www.reddit.com/r/AFOL/。

[19] Michael Wade, "Psychographics: The Behavioural Analysis That Helped Cambridge Analytica Know Voters' Minds," The Conversation, March 21, 2018, https://theconversation. com/psychographics-the-behavioural-analysis-that-helped-cambridge-analytica-know-voters-minds-93675.

第三章　悬浮：提升你的思维

[1] Neil Shea, "Swiss Adventurer Launches Quest to 'Fly Forever,'" *National Geographic*, March 6, 2015, https://www.nationalgeographic.com/news/2015/3/150306-solar-impulse-flight-pilot-circumnavigate-world-piccard-swiss/.

[2] Bertrand Piccard, "My Ups and Downs with Solar Impulse" (blog), July 24, 2016, https://bertrandpiccard.com/news/my-ups-and-downs-with-solar -impulse-539.

[3] 同上。

[4] Shea, "Swiss Adventurer."

[5] Carl Franklin, *Why Innovation Fails: Hard-Won Lessons for Business* (London: Spiro Press, 2003).

[6] Frank Kalman, "Winter 2017 Insider... Kevin Kelly," *Talent Economy*, February 14, 2017, https://www.chieflearningofficer.com/2017/02/14/kevin-kelly/.

[7] Mitsuru Kodama, "Managing Innovation Through Ma Thinking," *Systems Research and Behavioral Science* 35, no. 2 (March/April 2018): 155–177, https://doi.org/10.1002/sres.2453.

[8] Randy L. Buckner, "The Serendipitous Discovery of the Brain's Default Network," *NeuroImage* 62, no. 2 (August 2012): 1137–1145.

[9] Randy L. Buckner, "The Brain's Default Network: Origins and Implications for the

Study of Psychosis," *Dialogues in Clinical Neuroscience* 15, no. 3 (September 2013): 351–358.

[10] Marcus E. Raichle, "The Brain's Dark Energy," *Scientific American*, March 2010, 44–47.

[11] Steven Johnson, *Where Good Ideas Come From: The Natural History of Innovation* (New York: Riverhead Books, 2010).

[12] Kevin Davis, "Formerly Incarcerated People Are Building Their Own Businesses and Giving Others Second Chances," *ABA Journal*, July 1, 2019, https://www.abajournal.com/magazine/article/resolved-to-rebuild-formerly -incarcerated.

[13] Rosabeth Moss Kanter, "Innovation: The Classic Traps," *Harvard Business Review*, November 2006, 72–83.

[14] Sally Maitlis and Marlys Christianson, "Sensemaking in Organizations: Taking Stock and Moving Forward," *Academy of Management Annals* 8, no. 1 (2014): 57–125.

[15] Dean A. Shepherd, Jeffery S. Mcmullen, and William Ocasio, "Is That an Opportunity? An Attention Model of Top Managers' Opportunity Beliefs for Strategic Action," *Strategic Management Journal* 38, no. 3 (March 2017): 626–644.

[16] Maitlis and Christianson, "Sensemaking in Organizations," 94.

[17] Buckner, "The Serendipitous Discovery."

[18] Darya Zabelina, Arielle Saporta, and Mark Beeman, "Flexible or Leaky Attention in Creative People? Distinct Patterns of Attention for Different Types of Creative Thinking," *Memory and Cognition* 44, no. 3 (2016): 488–498.

[19] Shepherd, Mcmullen, and Ocasio, "Is That an Opportunity?".

[20] William Ocasio, "Attention to Attention," *Organization Science* 22, no. 5 (September–October 2011): 1286–1296.

[21] Shepherd, Mcmullen, and Ocasio, "Is That an Opportunity?".

[22] Alison Beard and Sara Silver, "Life's Work: Ferran Adrià," *Harvard Business Review*, June 2011, 140.

[23] 同上。

[24] Stefan Sagmeister, "The Power of Time Off," TED Talk, TEDGlobal 2009, July 2009, https://www.ted.com/talks/stefan_sagmeister_the_power_of _time_off.

[25] Brian C. Gunia et al., "Contemplation and Conversation: Subtle Influences on Moral Decision Making," *Academy of Management Journal* 55, no. 1 (February 2012): 13–33.

[26] 以美国歌手碧碧·雷克萨（Bebe Rexha）为例，她在 2018 年迪士尼电台音乐

奖上获得了最佳新人奖和乡村歌曲奖，并为其他人创作了许多热门歌曲，包括为阿姆（Eminem）和蕾哈娜（Rihanna）创作的《怪物》（*The Monster*）和为赛琳娜·戈麦斯（Selena Gomez）创作的《像个冠军》（*Like a Champion*）。当被问及从哪里找到创作歌曲的灵感时，她说她最喜欢的地方是她的浴室："其中很多歌词是我在浴缸里写的。我放着水，自言自语，然后把它录成语音备忘录。"来自：Kathy McCabe, "Meant to Be: Chart Slayer Bebe Rexha on Writing the Songs the Whole World Sings," news.com.au, July 11, 2018, https://www. news.com.au/entertainment/music/meant-to-be-chart-slayer-bebe-rexha-on-writing-the-songs-the-whole-world-sings/news-story/75ed9fa03feb7dcb00eaa80c79b48370。在另一次采访中，她说她获奖专辑中的大多数歌曲都是这样写的。"我经常洗澡。"雷克萨笑着说。她在浴缸里想出了《期望》（*Expectations*）专辑中的大部分歌词，包括《优雅》（*Grace*）——一首钢琴伴奏的歌曲，讲述了一位不知何故不符合条件的完美另一半。"我坐在莲蓬头下想：'要伤他的心并不容易。我可以带他飞到巴黎在埃菲尔铁塔顶上再伤他的心，但不管怎样他还是会恨我的。'"她立即抓起电话，"浑身都湿透了！"来自：Eve Barlow, "Anatomy of a Song: How Bebe Rexha Writes Hits," *Entertainment Weekly*, June 21, 2018, http://ew.com/music/2018/06/21/anatomy-of-a-song-bebe-rexha-expectations/。

[27] Lisa Evans, "How Your 'Always-Busy' Pace Is Ruining Your Decision-Making," *Fast Company*, September 29, 2014, https://www.fastcompany.com/3036269/how-your-always-busy-pace-is-ruining-your-decision-making.

[28] Kevin Cashman, "The Pause Principle," YouTube video, 8:21, August 15, 2014, https://www.youtube.com/watch?v=KVwj-mKDp5c.

[29] Deniz Vatansever, David K. Menon, and Emmanuel A. Stamatakis, "Default Mode Contributions to Automated Information Processing," *Proceedings of the National Academy of Sciences of the United States of America* 114, no. 48 (November 2017): 12321–12826.

[30] Roger E. Beaty, et al., "Creativity and the Default Network: A Functional Connectivity Analysis of the Creative Brain at Rest," *Neuropsychologia* 64 (November 2014): 92–98.

[31] Holly A. White and Priti Shah, "Scope of Semantic Activation and Innovative Thinking in College Students with ADHD," *Creativity Research Journal* 28, no. 3 (2016): 275–282.

[32] Francine Kopun, "Adults with ADHD More Creative: Study," *Toronto Star*, February 9, 2011, https://www.thestar.com/life/health_wellness/diseases_cures/2011/02/09/adults_with_adhd_more_creative_study.html.

[33] Charles Dickens to John Forster, 1854, in *The Letters of Charles Dickens*, Pilgrim

Edition, ed. Madeline House, Graham Storey, and Kathleen Tillotson, vol. 7, 1853–1855, ed. Graham Storey, Kathleen Tillotson, and Angus Easson (New York: Oxford University Press, 1993), 429.

[34] Flora Beeftink, Wendelien van Eerde, and Christel G. Rutte, "The Effects of Interruptions and Breaks on Insight and Impasses: Do You Need a Break Right Now?", *Creativity Research Journal* 20, no. 4 (2008): 358–364.

[35] Daniel Pink, "Daniel Pink's 'When' Shows the Importance of Timing Throughout Life," Mary Louise Kelly, interview, *All Things Considered*, NPR, January 17, 2018, https://www.npr.org/2018/01/17/578666036/daniel-pinks-when-shows-the-importance-of-timing-throughout-life.

[36] K. Anders Ericsson, "The Influence of Experience and Deliberate Practice on the Development of Superior Expert Performance," chapter 38 in *The Cambridge Handbook of Expertise and Expert Performance*, eds. K. Anders Ericsson, Neil Charness, Robert R. Hoffman, and Paul J. Feltovich (New York: Cambridge University Press, 2006), 685–705.

[37] 对平克的采访。

[38] Mary Helen Immordino-Yang, Joanna A. Christodoulou, and Vanessa Singh, "Rest Is Not Idleness: Implications of the Brain's Default Mode for Human Development and Education," *Perspectives on Psychological Science* 7, no. 4 (2012): 352–364.

[39] Jonah Lehrer, "Creativity: Jonah Lehrer," Andrew Marr, interview, *Start the Week*, BBC Radio 4, April 30, 2012, https://www.bbc.co.uk/programmes/b01gnq8y。

[40] Wilhelm Hofmann, Kathleen D. Vohs, and Roy F. Baumeister, "What People Desire, Feel Conflicted About, and Try to Resist in Everyday Life," *Psychological Science* 23, no. 6 (2012): 582–588, https://doi.org/10.1177/0956797612437426.

[41] 大样本研究结果，参见：Roheeni Saxena, "The Social Media 'Echo Chamber' Is Real," Ars Technica, March 13, 2017, https://arstechnica.com/science/2017/03/the-social-media-echo-chamber-is-real/。回音室效应让你容易受到错误信息的影响，参见：Filippo Menczer, "Misinformation on Social Media: Can Technology Save Us?", The Conversation, November 27, 2016, https://theconversation.com/misinformation-on -social-media-can-technology-save-us-69264。

[42] David Leonhardt, "You're Too Busy. You Need a 'Shultz Hour,'" *New York Times*, April 18, 2017, https://www.nytimes.com/2017/04/18/opinion/youre -too-busy-you-need-a-shultz-hour.html.

[43] Adam Wernick, "One Woman's Plan to Take Your Creativity Back from Your

Phone—by Making You Bored," *Studio 360*, PRI, January 31, 2015, https://www.pri.org/ stories/2015-01-31/one-womans-plan-take-your-creativity -back-your-phone-making-you-bored.

[44] Marlynn Wei, "What Mindfulness App Is Right for You？"," *Huffington Post*, August 24, 2015, https://www.huffingtonpost.com/marlynn-wei-md-jd/what -mindfulness-app-is-right-for-you_b_8026010.html.

[45] Emma Schootstra, Dirk Deichmann, and Evgenia Dolgova, "Can 10 Minutes of Meditation Make You More Creative？" ,*Harvard Business Review*, August 29, 2017, https://hbr. org/2017/08/can-10-minutes-of-meditation-make -you-more-creative.

[46] "Digital Transformation at Axel Springer" (internal company video), Axel Springer, 2017.

[47] 同上。

[48] 同上。

[49] 同上。

[50] Nicola Clark, "Axel Springer Reboots for Digital Age," *Irish Times*, January 4, 2016, https://www.irishtimes.com/business/axel-springer-reboots-for -digital-age-1.2475156.

第四章 想象：产生天马行空的想法

[1] Warren Berger, *A More Beautiful Question: The Power of Inquiry to Spark Breakthrough Ideas* (New York: Bloomsbury USA, 2014), 34.

[2] 同上，第 35 页。

[3] Carol Pogash, "A Personal Call to a Prosthetic Invention," *New York Times*, July 2, 2008.

[4] 同上。

[5] Online Etymology Dictionary, s.v. "imagine" ,2020 年 9 月 2 日访问，https://www. etymonline.com/word/imagine。

[6] Drew Boyd, "Fixedness: A Barrier to Creative Output," *Psychology Today*, June 26, 2013.

[7] Trevor MacKenzie with Rebecca Bathurst-Hunt, *Inquiry Mindset: Nurturing the Dreams, Wonders, and Curiosities of Our Youngest Learners* (n.p.: Elevate BooksEdu, 2018).

[8] Ken Robinson, "Do Schools Kill Creativity？" TED Talk, TED2006 conference, Monterey, California, February 2006, https://www.ted.com/talks /ken_robinson_says_schools_kill_creativity.

[9] Edward de Bono, *How to Have Creative Ideas* (London: Vermillion, 2008).

[10] IDEO U, "Brainstorming—Rules & Techniques," n.d., https://www.ideou.com/pages/brainstorming-rules-and-techniques.

[11] 大量的实验研究表明，头脑风暴小组的创造力令人失望。一篇学术评论指出："总体而言，团队产生的创意越来越少，比独立工作的个人更少。而且团队会认为相对一般的创意是最有创造性的。"来自：Sarah Harvey and Chia-Yu Kou, "Collective Engagement in Creative Tasks: The Role of Evaluation in the Creative Process in Groups," *Administrative Science Quarterly* 58, no. 3 (2013): 346–386。

管理类杂志也探讨了头脑风暴的失败，这个主题反复出现，显然使从业者产生了共鸣。例如：Art Markman, "Your Team Is Brainstorming All Wrong," *Harvard Business Review*, May 18, 2017, https://hbr.org/2017/05/your-team-is-brainstorming-all-wrong. Tomas Chamorro-Premuzic, "Why Group Brainstorming Is a Waste of Time," *Harvard Business Review*, March 25, 2015, https://hbr.org/2015/03/why -group-brainstorming-is-a-waste-of-time. Anne Fisher, "Why Most Brainstorming Sessions Fail," *Fortune*, August 23, 2013, http://fortune.com/2013/08/23/why-most-brainstorming-sessions-fail/. Natalie Peace, "Why Most Brainstorming Sessions Are Useless," *Forbes*, April 9, 2012, https://www.forbes.com/sites/nataliepeace/2012/04/09/why -most -brainstorming-sessions-are-useless.

研究人员试图解释为什么交互式头脑风暴产生的结果通常很平庸。他们通常认为"顾忌评价"是一个关键因素，出于这种对别人负面评价的恐惧，小组成员首先会自我审查。来自：Hassan Haddou, Guy Camilleri, and Pascale Zaraté, "Prediction of Ideas Number During a Brainstorming Session," *Group Decision and Negotiation* 23, no. 2 (2014): 271–298。

[12] Jake Knapp, *Sprint: How to Solve Big Problems and Test New Ideas in Just Five Days* (New York: Simon and Schuster, 2016).

[13] Donald G. McNeil Jr., "Car Mechanic Dreams Up a Tool to Ease Births," *New York Times*, November 13, 2013.

[14] 同上。

[15] Patrick Bateson, "Playfulness and Creativity," *Current Biology* 25, no. 1 (January 5, 2015): R12–R16.

[16] "Play and Creativity," hosted by Tom Sutcliffe, *Start the Week*, BBC Radio 4, February 13, 2017, https://www.bbc.co.uk/programmes/b08dmk4h.

[17] Samira Far, "Why Your Playful Inner Child Is the Key to Innovation," *Inc.*, November 17, 2016.

[18] Hal Gregersen, "Better Brainstorming," *Harvard Business Review*, March–April 2018, 64–71.

[19] Berger, *A More Beautiful Question*; and Amanda Lang, *The Power of Why* (Toronto: HarperCollins, 2012).

[20] Gonzalo Viña, "Big Data Promise Exponential Change in Healthcare," *Financial Times*, November 29, 2016.

[21] "Meet Chris Sheldrick, Co-founder of What3Words," *Elle Decoration*, accessed July 21, 2018, http://elledecoration.co.za/chris-sheldrick/.

[22] John Pollack, *Shortcut: How Analogies Reveal Connections, Spark Innovation, and Sell Our Greatest Ideas* (New York: Gotham Books, 2014). 还可以参见他的另一本书: *Mental Leaps: Analogy in Creative Thought* (Cambridge, MA: MIT Press, 1999)。认知科学家凯瑟·霍利约克（Keith Holyoak）和保罗·萨加德（Paul Thagard）指出，多少年来的智力进步都是建立在类比基础上的。

[23] Dedre Gentner, "Bootstrapping the Mind: Analogical Processes and Symbol Systems," *Cognitive Science* 34 (2010): 752–775.

[24] Margalit Fox, "N. Joseph Woodland, Inventor of the Bar Code, Dies at 91," *New York Times*, December 12, 2012, https://www.nytimes.com/2012/12/13/business/n-joseph-woodland-inventor-of-the-bar-code-dies-at-91.html.

[25] Kevin Dunbar, "How Scientists Think in the Real World: Implications for Science Education," *Journal of Applied Developmental Psychology* 21, no. 1 (2012): 49–58.

[26] 2014 年 6 月 19 日莱贾德与作者的对话。

[27] Nikolaus Franke, Marion K. Poetz, and Martin Schreier, "Integrating Problem Solvers from Analogous Markets in New Product Ideation," *Management Science* 60, no. 4 (2014): 1063–1081.

[28] Lars Bo Jeppesen and Karim R. Lakhani, "Marginality and Problem-Solving Effectiveness in Broadcast Search," *Organization Science* 21, no. 5 (2010): 1016–1033.

[29] Oguz Ali Acar and Jan van den Ende, "Knowledge Distance, Cognitive Search Processes, and Creativity: The Making of Winning Solutions in Science Contests," *Psychological Science* 27, no. 5 (2016): 692–699.

[30] Frans Johansson, "Innovating, Medici Style," Mark Bidwell, interview, *OutsideVoices with Mark Bidwell* (podcast), May 1, 2020, https://innovation ecosystem.libsyn.com/069-innovating-medici-style-with-frans-johansson。

[31] Mike Butcher, "Potential New Treatment for COVID-19 Uncovered by BenevolentAI Enters Trials," *TechCrunch*, April 14, 2020, https://techcrunch.com/2020/04/14/potential-new-treatment-for-covid-19-uncovered -by-benevolentai-enters-trials/.

[32] Clive Cookson, "Biotechs Harness AI in Battle Against Covid-19," *Financial Times*, May 14, 2020, https://www.ft.com/content/877b8752-6847-11ea-a6ac-9122541af204.

[33] Paul Brackley, "BenevolentAI Founder Ken Mulvany on Using Artificial Intelligence to Find New Drugs to Tackle Disease," *Cambridge Independent*, March 10, 2018.

[34] Michael Schrage, "Let Data Ask Questions, Not Just Answer Them," *Harvard Business Review*, October 8, 2014.

[35] Wikipedia, s.v. "Analytical Engine," 2020 年 9 月 2 日 访问, https://en.wikipedia.org/wiki/Analytical_Engine.

[36] Sean O'Neill, "How Creative Is Your Computer?," *New Scientist*, December 21, 2014.

[37] 关于这些测试的更多细节, 参见: Jordan Pearson, "Forget Turing, the Lovelace Test Has a Better Shot at Spotting AI," *Vice*, July 8, 2014, https:// www.vice.com/en_us/article/pgaany/forget-turing-the-lovelace-test-has-a-better-shot-at-spotting-ai; Selmer Bringsjord, Paul Bello, and David Ferrucci, "Creativity, the Turing Test, and the (Better) Lovelace Test," *Minds and Machines* 11, no. 3 (2001): 3–27, http://kryten.mm.rpi.edu/lovelace.pdf。

[38] Demis Hassabis, "Exploring the Frontiers of Knowledge," DLD Conference, Munich, Germany, January 16, 2017, YouTube video, 26:27, posted by DLDconference on February 22, 2017, https://www.youtube.com/watch?v=Ia3PywENxU8&t=962s.

[39] Demis Hassabis, "What We Learned in Seoul with AlphaGo," *The Keyword* (blog), Google, March 16, 2016, https://blog.google/technology/ai/what-we-learned-in-seoul-with-alphago/.

[40] James Vincent, "Google Uses DeepMind AI to Cut Data Center Energy Bills," The Verge, July 21, 2016, https://www.theverge.com/2016/7/21/12246258/google-deepmind-ai-data-center-cooling.

[41] Lars Häggström, "Designing and Implementing Transformational Journeys: The Case of Stora Enso," Institute for Management Development, Lausanne, Switzerland, September 30, 2016.

[42] Jouko Karvinen, "Looking to Past Values to Get Ahead of the Curve," Paul Hunter, interview, *Wednesday Webcast*, Institute for Management Development, January 13, 2013.

第五章　实验：智能化测试使学习更高效

[1] Jolene Creighton, "Business 101: Entrepreneurs Should Know No Barriers," Futurism.com, November 18, 2016, https://futurism.com/entrepreneurs -should-know-no-barriers.

[2] 同上。

[3] 同上。

[4] Laurence Kemball-Cook, "Pavegen: How a Footstep's Energy Is Converted to Electrical Power," *The Edge*, CNBC, June 29, 2017, https://www .cnbc.com/video/2017/06/29/ pavegen-how-a-footsteps-energy-is-converted-to -electrical-power.html.

[5] Emma Gray Ellis, "The Best New Green Energy Tech Could Be Right Underfoot," *Wired*, June 13, 2016, https://www.wired.com/2016/06/best-new -gren-energy-tech-right-underfoot/.

[6] Robert Nieman, "The Next Step in Renewable Energy Is Right Under Our Feet," Tech+, April 12, 2018, https://techplus.co/lehrer-changes-construction -practices-requires-holistic-approach-technology-2/.

[7] Lydia Skrabania, "Pavegen: Generate Clean Electricity While Taking a Stroll," Reset, February 28, 2018, https://reset.org/node/29340.

[8] Will Heilpern, "Meet the Clean-Tech CEO Who Compares His Company to Apple and Tesla," *Business Insider, April* 14, 2016, https://www .businessinsider.com/pavegen-kemball-cook-ceo-interview-2016-4.

[9] CB Insights 调查了 100 多家失败的初创企业，发现在大多数情况下，导致失败的罪魁祸首是这些商业理念没有市场需求。

[10] Thomas R. Eisenmann, Eric Ries, and Sarah Dillard, "HypothesisDriven Entrepreneurship: The Lean Startup," HBS No. 812095-PDF-ENG (Cambridge, MA: Harvard Business Publishing, 2011).

[11] 阿维纳什·卡希克（Avinash Kaushik）是创造术语 HiPPO 的人，可见他的书：*Web Analytics: An Hour a Day* (Indianapolis, IN: Wiley, 2007)。

[12] Albert Savoia, *Pretotype It: Make Sure You Are Building the Right "It" Before You Build "It" Right*, 2nd ed., October 11, 2011, http://www.pretotyping.org/ uploads/1/4/0/9/14099067/pretotype_it_2nd_pretotype_edition-2.pdf.

[13] Tarryn Leigh Lewis, Isabelle De Metz, and Lauranne Debbaudt, *Validation Guide:*

24 Ways to Test Your Business Ideas, n.d., Board of Innovation, http:// info.boardofinnovation. com/hubfs/Validation%20Guide%20compressed.pdf.

[14] Ritch Macefield, "The Wizard of Oz Guide to Usability Testing Mobile Prototypes," *Userfocus,* May 1, 2012, https://www.userfocus.co.uk/articles/testing _mobile_prototypes.html.

[15] Erno Tornikoski and Maija Renko, "Timely Creation of New Organizations: The Imprinting Effects of Entrepreneurs' Initial Founding Decisions," *M@n@gement* 17, no. 3 (2014): 193–213.

[16] John Heilemann, "Reinventing the Wheel," *Time*, December 2, 2001.

[17] 同上。

[18] 同上。

[19] Steve Kemper, *Code Name Ginger: The Story Behind Segway and Dean Kamen's Quest to Invent a New World* (Boston: Harvard Business School Press, 2003).

[20] 同上，第 259 页。

[21] 同上，第 273 页。

[22] Madhumita Murgia, "Engineer Modifies Segway to Invent HandsFree Wheelchair," *Telegraph*, October 20, 2015, https://www.telegraph.co.uk/technology/news/11942396/This-modified-Segway-is-a-hands-free-wheelchair-soon-to-be-on-sale.html.

[23] Kemper, *Code Name Ginger*.

[24] 皮卡德和让－弗朗索瓦·曼佐尼（Jean-François Manzoni）在瑞士洛桑国际管理发展学院于 2018 年 6 月 29 日举办的"设计致胜"会议上的采访。

[25] *The Simpsons*, season 16, episode 14, "The Seven-Beer Snitch," 2005 年 4 月 3 日首播于美国福克斯电视台。

[26] *Sketches of Frank Gehry*, Sydney Pollack (Los Angeles: Sony Pictures Classics, August 22, 2006), DVD.

[27] 同上。

[28] Paul Goldberger, *Building Art: The Life and Work of Frank Gehry* (New York: Alfred A. Knopf, 2015).

[29] *Sketches of Frank Gehry*.

[30] Richard J. Boland Jr., Fred Collopy, Kalle Lyytinen, and Youngjin Yoo, "Managing as Designing: Lessons for Organization Leaders from the Design Practice of Frank O. Gehry," *Design Issues* 24, no. 1 (2008): 10–25.

[31] Jo Aggarwal, "An Interview with Jo Aggarwal, Co-inventor of Wysa," Eric Wallach,

The Politic, Yale University, March 28, 2018, http://thepolitic.org/an-interview-with-jo-aggarwal-co-inventor-of-wysa/.

[32] Ramakant Vempati, "Show and Tell: Why the Product Matters Most," NASSCOM Product Conclave, Bangalore, India, November 2, 2017, YouTube video, 27:17, 由 NASSCOM Product 于 2017 年 12 月 25 日发表, https://www.youtube.com/watch?v=sEVRqVEKmsQ。

[33] Aggarwal, "An Interview with Jo Aggarwal."

[34] 同上。

[35] 同上。

[36] Ed Catmull with Amy Wallace, *Creativity, Inc: Overcoming the Unseen Forces That Stand in the Way of True Inspiration* (London: Bantam Press, 2014), 92.

[37] 同上，第 89 ~ 90 页。

[38] 同上，第 99 页。

[39] 同上，第 104 页。

[40] 同上，第 94 页。

[41] Ed Catmull, "How Pixar Fosters Collective Creativity," *Harvard Business Review,* September 2008, 64–72.

[42] Catmull and Wallace, *Creativity, Inc.*,105.

[43] Bernard Marr, "What Is Digital Twin Technology—and Why Is It So Important?", *Forbes*, March 6, 2017.

[44] Patrick Wallis, "How NASA Mapped and Modeled Langley's Digital Twin," Esri, May 4, 2018, https://www.esri.com/about/newsroom/blog/nasa -langleys-digital-twin/.

[45] Dan Perkel, "Digital Tools for Design Research," IDEO Labs, September 19, 2014, https://labs.ideo.com/2014/09/19/digital-tools-for-design-research /comment-page-2/.

[46] Robin Johnson, "3 Real Life Examples of Incredibly Successful A/B Tests," HubSpot, February 6, 2018.

[47] Tom Macaulay, "Real-World Use Cases for Google DeepMind's AI Systems," *ComputerWorld,* June 4, 2018.

[48] David Morris, "Plaintiff: Theranos Used Shell Companies to Buy Outside Testing Equipment," *Fortune*, April 22, 2017, https://fortune.com/2017/04/22/theranos-shell-companies-suit/.

[49] Darren Quick, "FTC Takes Action Against Crowdfunding Fraudster，" New Atlas, June 15, 2015, https://newatlas.com/ftc-kickstarter-crowdfunding-fraud/38008/.

[50] Nathan Furr and Jeffrey H. Dyer, "Leading Your Team into the Unknown," *Harvard*

Business Review, December 2014, 80–88.

[51]"SNCF: ALL Entrepreneurs"(internal company video), SNCF, 2016.

[52] 同上。

[53] 同上。

[54] Lionel Steinmann, "Prix, organisation, qualité de service: les chantiers de Rachel Picard," *Les Echos*, June 27, 2016, https://www.lesechos.fr/2016/06/prix-organisation-qualite-de-service-les-chantiers-de-rachel-picard-225400.

第六章　导航：设法腾飞，避免坠落

[1] 关于马奎斯的所有引用全部来自：Sarah Marquis，IMD, Institute for Management Development, Lausanne, Switzerland, June 28, 2019。

[2] James Estrin, "Kodak's First Digital Moment," *New York Times*, August 12, 2015.

[3] Steven Sasson, "Disruptive Innovation: The Story of the First Digital Camera," Linda Hall Library, Kansas City, Missouri, October 26, 2011, Vimeo video, Linda Hall Library October 31, 2011, https:// vimeo.com/31404047.

[4] Estrin, "Kodak's First Digital Moment."

[5] 同上。

[6] 同上。

[7] Sasson, "Disruptive Innovation."

[8] 同上。

[9] 同上。

[10] Douglas K. Smith and Robert C. Alexander, *Fumbling the Future: How Xerox Invented, Then Ignored, the First Personal Computer* (New York: William Morrow, 1988).

[11] Sasson, "Disruptive Innovation."

[12] 同上。

[13] 同上。

[14] 同上。

[15] Madison Malone-Kircher, "James Dyson on 5,126 Vacuums That Didn't Work—and the One That Finally Did," *New York*, November 22, 2016, http://nymag.com/vindicated/2016/11/james-dyson-on-5-126-vacuums-that-didnt -work-and-1-that-did.html.

[16] David Gram, "Becoming a Diplomatic Rebel," *IntraPRENEUR*, November 25, 2019, 76–81.

[17] Annalisa Gigante, "Innovating a 2000 Year Old Product," Mark Bidwell,interview, *Outside Voices with Mark Bidwell* (podcast), June 2, 2020, https://innovationecosystem.libsyn. com/049-innovating-a-2000-year-old-product-with-annalisa-gigante.

[18] Cyril Bouquet, "La poste se réinvente: Chronique d'une mutation stratégique réussie," *Harvard Business Review France, September* 9, 2014, https://www.hbrfrance.fr/ chroniques-experts/2014/09/3270-la-poste-se-reinvente-chronique-dune-mutation-strategique-reussie/.

[19] David Lagesse, "If Drones Make You Nervous, Think of Them as Flying Donkeys," *Goats and Soda* (blog), NPR, March 31, 2015, http://www.npr.org/sections/goatsandso da/2015/03/31/395316686/if-drones-make-you -nervous-think-of-them-as-flying-donkeys.

[20] Jake Colvin and Jordan Monroe, 2013 International Business Model Competition, Harvard Innovation Lab, Boston, May 3, 2013, "IBMC 2013: Owlet – 1st Place," YouTube video, 17:55, posted by Business Model Competition Global on July 18, 2016, https://www.youtube.com / watch?v=f-8v_RgwGe0。

[21] Tom Szaky, *Revolution in a Bottle: How TerraCycle Is Redefining Green Business* (New York: Portfolio, 2013), 94.

[22] 同上，第 95 页。

[23] Tom Szaky, "The Roller Coaster Ride of Entrepreneurship," 2013 年 4 月 18 日对宾夕法尼亚大学的学子们发表的演说，YouTube video, 48:48, 由 BizStarts Milwaukee 于 2013 年 8 月 27 日发布, https://www.youtube.com/watch?v=O5illbIh5m4。

[24] Szaky, *Revolution in a Bottle,* 99.

[25] Tom Szaky, "TerraCycle Founder on Why Purpose Isn't Enough for Social Entrepreneurship," Andrew, interview, *Mixergy* (podcast), April 18, 2018, https://mixergy.com/ interviews/TerraCycle-with-tom-szaky/.

[26] Kim Bhasin, "The Incredible Story of How TerraCycle CEO Tom Szaky Became a Garbage Mogul," Business Insider, August 29, 2011, https://www.businessinsider.com/ exclusive-tom-szaky-terracycle-interview-2011-8.

[27] Tom Szaky, "Interview: Tom Szaky with TerraCycle," Stone Payton and Lee Kantor,interview, *High Velocity Radio* (podcast), March 20, 2018, https://businessradiox.com/ podcast/highvelocityradio/terracycle/.

[28] Szaky, "Purpose Isn't Enough."

[29] Tom Szaky, "Revolutionizing Recycling One Cigarette Butt at a Time with

TerraCycle's Tom Szaky,"Marjorie Alexander, interview, *A Sustainable Mind* (podcast), November 30, 2017, https://asustainablemind.com/027-revolutionizing-recycling-one-cigarette-butt-at-a-time-with-terracycles-tom-szaky-2/.

[30] Szaky, "Purpose Isn't Enough."

[31] 同上。

[32] 皮卡德和曼佐尼在瑞士洛桑国际管理发展学院于 2018 年 6 月 29 日举办的"设计致胜"会议上的采访。

[33] 同上。

[34] Navi Radjou and Jaideep Prabhu, *Frugal Innovation: How to Do Better with Less* (London: Profile Books, 2015), 57.

[35] Szaky, "Purpose Isn't Enough."

[36] Szaky, "Revolutionizing Recycling."

[37] Tom Szaky, "TerraCycle—Recycling 1 Million Pounds of 'Hard to Recycle' Materials Each Week," Richard Jacobs, interview, *Future Tech* (podcast), May 17, 2017, https://www.findinggeniuspodcast.com/podcasts/terracycle-recycling-1-million-pounds-of-hard-to-recycle-materials-each-week/.

[38] 对皮卡德的采访。

[39] 同上。

[40] Jude Webber, "Lunch with the FT: Xavier López Ancona," *Financial Times*, August 1, 2014.

[41] James L. Heskett, Javier Reynoso, and Karla Cabrera, "KidZania: Shaping a Strategic Service Vision for the Future," HBS No. 916402-PDF-ENG (Cambridge, MA: Harvard Business Publishing, 2015).

[42] "Franchises," KidZania, accessed September 3, 2020，http://www.kidzania.com/en/franchises.

[43] "KidZania, the Success Game," May 29, 2015, https://www.mexico.mx/en/articles/kidzania-the-success-game.

[44] Chris Sheldrick, "Meet the World Mapper Giving Everyone a New Address," Anita Riotta, interview, *Business Life* (podcast), Vox Markets, November 23, 2018, https://www.voxmarkets.co.uk/articles/chris-sheldrick-business-lives-fdb44ff/.

[45] Viridiana Mendoza Escamilla, "KidZania está lista para conquistar (por fin) Estados Unidos," *Forbes México*, April 9, 2018, https://www.forbes.com .mx/kidzania-esta-lista-para-

conquistar-por-fin-estados-unidos/.

[46] Webber, "Xavier López Ancona."

[47] David Güemes Castorena and José Alda Díaz Prado, "A Mexican Edutainment Business Model: KidZania," *Emerald Emerging Markets Case Studies* 3, no. 5 (2013), https://doi.org/10.1108/EEMCS-10-2013-0192.

[48] 同上。

[49] Webber, "Xavier López Ancona."

[50] Alistair Hall and Katie Ellman, "TerraCycle CEO Tom Szaky Makes Garbage the Hero," GreenBiz, November 18, 2016, https://www.greenbiz.com/article/terracycle-ceo-tom-szaky-makes-garbage-hero.

[51] Bhasin, "The Incredible Story."

[52] Szaky, *Revolution in a Bottle*, xviii.

[53] Rebecca Mead, "When I Grow Up," *New Yorker*, January 19, 2015, https://www.newyorker.com/magazine/2015/01/19/grow.

[54] Adam Minter, "Why Uber Is Losing Out to Locals in Southeast Asia," Livemint, July 27, 2017, https://www.livemint.com/Companies/ezkn3 YrxZiKH6Qs4W80lFN/Why-Uber-is-losing-out-to-locals-in-Southeast-Asia.html.

[55] "8-Step Process," Kotter, n.d., https://www.kotterinc.com/8-steps -process-for-leading-change/.

[56] Shruti Narula, "Case Study on Successful Viral Marketing of Old Spice," *Digital Marketing and Data Analytics Blog*, Digital Vidya, June 30, 2016, https:// www.digitalvidya.com/blog/case-study-on-successful-viral-marketing-of-oldspice/.

[57] Associated Press, "Startups Shook Up the Sleepy Razor Market," CNBC, September 26, 2018, https://www.cnbc.com/2018/09/26/startups-shook-up-the-sleepy-razor-market-whats-next.html.

[58] Ilyse Liffreing, "Vera Bradley Changes Course After Ads Are Labeled a 'Sexist Fail,'" Campaignlive.com, October 6, 2016, https://www.campaignlive.com/article/vera-bradley-changes-course-ads-labeled-sexist-fail/1411269.

[59] Jennifer Jordan and Michael Sorell, "Why Reverse Mentoring Works and How to Do It Right," *Harvard Business Review*, October 3, 2019, https://hbr.org/2019/10/why-reverse-mentoring-works-and-how-to-do-it-right.

[60] 关于达雷尔的所有引用都出自 2019 年 6 月 26 日他与作者的谈话。

[61] Jean-Philippe Deschamps and Michele Barnett Berg, "Logitech: Learning from Customers to Design a New Product," HBS No. IMD538-PDF-ENG (Lausanne, Switzerland: IMD, 2005).

[62] 关于多恩-克罗克的所有引用全部来自 2019 年 6 月 18 日他与作者的谈话。

第七章　"外星人"思维框架的运用

[1] 历史学家和经济学家马克·莱文森（Marc Levinson）在他的书中对这个项目的发展进行了精彩的描述：*The Box: How the Shipping Container Made the World Smaller and the Economy Bigger* (Princeton, NJ: Princeton University Press, 2006)。

[2] John Winsor with Oguz A. Acar, "The Creative Potential of (Some) Outsiders," *Forbes*, April 25, 2017, https://www.forbes.com/sites/johnwinsor/2017/04/25/the-creative-potential-of-some-outsiders/# 13b75180b33c.

[3] M. Canty, "The Ship That Never Calls at Port," *Maersk Post*, September 2016, 24–26, https://www.maersk.com/press/publications.

[4] "Innovating Innovation," Delft Design Stories, Faculty of Industrial Design Engineering, TU Delft, May 4, 2017, https://www.tudelft.nl/en/ide/research/discover-design/innovating-innovation/.

[5] 例如，马士基油轮公司黑客马拉松赛于 2017 年 8 月 23 日至 25 日在哥本哈根举行。参见：http://maersktankershackathon.ilab.dk/。

[6] Anneli Bartholdy, "Key Ingredients in Corporate Innovation: A Fireside Chat with Anneli Bartholdy, Maersk," Peter Torstensen,interview, Acceler ance Fireside Chat, n.d., YouTube video, 25:00, Accelerance DK, January 12, 2017, https://www.youtube.com/watch?v=_AmOqWls7P4。

[7] Canty, "The Ship That Never Calls at Port."

[8] Kevin Cashman, *The Pause Principle: Step Back to Lead Forward* (San Francisco: Berrett-Koehler Publishers, 2012).

[9] François Englert, "How to Become a Nobel Prize Winner," Christian Du Brulle interview, *Horizon*, December 10, 2013, https://horizon-magazine.eu/article/how-become-nobel-prize-winner_en.html。

第八章 灵活运用五大思维

[1] R. Keith Sawyer, *Explaining Creativity: The Science of Human Innovation*, 2nd ed. (New York: Oxford University Press, 2012), 89.

[2] Bruce Nussbaum, "Design Thinking Is a Failed Experiment. So What's Next?", *Fast Company*, April 5, 2011, https://www.fastcompany.com/1663558/design-thinking-is-a-failed-experiment-so-whats-next; Martin Kupp, Jamie Anderson, and Jörg Reckhenrich, "Why Design Thinking in Business Needs a Rethink," *MIT Sloan Management Review*, September 12, 2017, 42–44.

[3] Mark Kurlansky, *Birdseye: The Adventures of a Curious Man* (New York: Doubleday, 2012).

[4] Donald G. McNeil, "Car Mechanic Dreams Up a Tool to Ease Births," *New York Times*, November 13, 2013, https://www.nytimes.com/2013/11/14/health/new-tool-to-ease-difficult-births-a-plastic-bag.html.

[5] 皮卡德在瑞士洛桑国际管理发展学院于 2018 年 6 月 29 日举办的"设计致胜"会议上的演讲。

[6] 同上。

[7] Rachel Nuwer, "New Class of Polymers Discovered by Accident," *Scientific American*, December 1, 2014, https://www.scientificamerican.com/article/new-class-of-polymers-discovered-by-accident/.

[8] Brian Chesky, "Interview with Airbnb CEO Brian Chesky," Leigh Gallagher,interview, *Fortune*, Economic Club of New York, n.d., YouTube video, 20:31, *Fortune* Magazine on March 14, 2017, https://www.youtube.com/watch?v=GFMeuSIhIYg.

[9] Elmar Mock, "Reviving the Swiss Watch Industry: The Remarkable Story of Swatch," Mark Bidwell, interview, *OutsideVoices with Mark Bidwell*, (podcast), December 19, 2016, https://innovationecosystem.libsyn.com/037-reviving-the-swiss-watch-industry-the-remarkable-story-of-swatch-with-elmar-mock.

[10] Eliott C. McLaughlin, "Giant Rats Put Noses to Work on Africa's Land Mine Epidemic," CNN, September 8, 2010, http://edition.cnn.com/2010/WORLD/africa/09/07/herorats.detect.landmines/index.html.

[11] Bart Weetjens, "First Person: 'I Teach Rats to Locate Landmines,'" Jeremy Taylor, interview, *FT Magazine*, February 7, 2015, 8–9.

[12] McLaughlin, "Giant Rats Put Noses to Work."

[13] Sharon Smith, "They Can Sniff Out Landmines and Detect TB—Meet the Rat Pack," *Times* (London), September 2, 2017, https://www.thetimes.co.uk/article/they-can-sniff-out-landmines-and-detect-tb-meet-the-rat-pack -5qxqxbpps.

[14] Daisy Carrington, "Hero Rats Sniff (and Snuff) Out Landmines and TB," CNN, September 26, 2014, http://www.cnn.com/2014/09/26/world/africa/hero-rats-sniff-out-landmines-and-tb/index.html.

[15] Smith, "Meet the Rat Pack."

[16] Bart Weetjens, "Rats That Sniff Out Landmines and TB," TEDx Talk, TEDxBratislava, July 5, 2013, YouTube video, 14:02, TEDx Talks, August 18, 2013, https://www.youtube.com/watch?v=E6atIJ8RDzU.

[17] Jay Caboz, "Africa's Notorious Pest Becomes a Furry Savior," *Forbes*, November 20, 2014, https://www.forbes.com/sites/forbesinternational/ 2014/11/20/africas-notorious-pest-becomes-a-furry-savior/# 5cfb2cce25c4.

[18] David Vinjamuri, "Bic for Her: What They Were Actually Thinking (As Told by a Man Who Worked on Tampons)," *Forbes*, August 30, 2012, https://www.forbes.com/sites/davidvinjamuri/2012/08/30/bic-for-her-what -they-were-actually-thinking-as-told-by-a-man-who-worked-on-tampons/#53fd4dc33ab8. 艾伦·德杰尼勒斯（Ellen DeGeneres）同样在她的脱口秀中讽刺了女性专用笔（Bic for Her pens）: "Bic Pens for Women," The Ellen DeGeneres Show, season 10, episode 25, aired October 12, 2012, on NBC, YouTube video, 4:08, posted by TheEllenShow on October 12, 2012, https://www.youtube.com/watch?v = eCyw3prIWhc。

第九章　数字化：将突破性理念变为现实的力量

[1] Melinda Rolfs, speech at Giving Innovation Summit, Urban Institute, Washington, DC, March 23, 2017, https://www.urban.org/events/giving-innovation-summit.

[2] Sophia Bennett, "Mastercard Center Report Uses Big Data to Increase Charitable Donations," Sustainable Business, Conscious Connection, January 8, 2017, https://www.consciousconnectionmagazine.com/2017/01/mastercard-big-data-charitable-donations/.

[3] 罗尔夫斯在捐赠创新峰会（Giving Innovation Summit）上的演说。

[4] Melinda Rolfs, "Unlocking Data and Unleashing Its Potential," panel at Data on Purpose / Do Good Data: From Possibilities to Responsibilities conference, Stanford University, February 7–8,

2017, Vimeo video, Stanford PACS on March 4, 2017, https://vimeo.com/206682124.

[5] "Nonprofits Struggle to Understand Trends in Individual Giving," Mastercard Center for Inclusive Growth, December 14, 2016, https://www.mastercard center.org/insights/ nonprofits-struggle-understand-trends-individual-giving.

[6] Teresa Hodge, "Setting the Stage: Moral and Economic Obligations to Restoring Rights and Opportunity," panel discussion at the 17th Annual State Criminal Justice Network Conference, Atlanta, Georgia, August 23–25, 2018, YouTube video, 1:25:35, NACDLvideo on June 4, 2019, https://www.youtube.com/watch?v=yzmXt539AwQ.

[7] Ben Gomes, "Search Experiments, Large and Small," *Official Blog*, Google, August 26, 2008, https://googleblog.blogspot.ch/2008/08/search-experiments-large-and-small. html.

[8] Rick Maese, "Moneyball 2.0: Keeping Players Healthy," *Washington Post*, August 24, 2015, https://www.washingtonpost.com/sports/moneyball-20-keeping-players-healthy/2015/08/24/5011ac54-48e6-11e5-9f53-d1e3ddfd0cda_story.html.

[9] 罗利耶于 2020 年 3 月 4 日在瑞士洛桑与作者的谈话。

[10] 同上。

[11] Daniel Kahneman, *Thinking, Fast and Slow* (New York: Farrar, Straus and Giroux, 2011), 10.

[12] Hayley Matthews, "Online Dating Statistics: Dating Stats from 2017," Date Mix, December 3, 2017, https://www.zoosk.com/date-mix/online-dating-advice/online-dating-statistics-dating-stats-2017/.

[13] Lauren Davidson, "These 3 Simple Questions Can Predict If an OkCupid Date Will Succeed," Mic, March 14, 2014, https://mic.com/articles/85297/these-3-simple-questions-can-predict-if-an-okcupid-date-will-succeed.

[14] Richard E. Heyman and Amy M. Smith Slep, "The Hazards of Predicting Divorce Without Crossvalidation," *Journal of Marriage and Family* 63, no. 2 (2001): 473–479.

[15] Antoine Gara, "BlackRock's Edge: Why Technology Is Creating the Amazon of Wall Street," *Forbes*, December 19, 2017, https://www.forbes.com/sites/antoinegara/2017/12/19/ blackrocks-edge-why-technology-is-reating-a-6-trillion-amazon-of-wall-street/.

[16] Rachael Levy, "The COO at BlackRock Explains Why the $5.7 Trillion Investment Giant Is a 'Growth Technology Company,'" *Business Insider*, October 3, 2017, https://www. businessinsider.com/blackrock-coo-rob-goldstein -interview-2017-9.

[17] Raffaele Savi and Jeff Shen, *Constant Change, Consistent Alpha: The Innovation Challenge for Active Investors*, BlackRock, October 2015.

[18] Dan Schawbel, "Stanley McChrystal: What the Army Can Teach You About Leadership," *Forbes*, July 13, 2015, https://www.forbes.com/sites/danschawbel/2015/07/13/stanley-mcchrystal-what-the-army-can-teach-you -about-leadership/.

[19] 同上。

第十章 迎接你内心的"外星人"

[1] 皮卡德和曼佐尼在瑞士洛桑国际管理发展学院于 2018 年 6 月 29 日举办的"设计致胜"会议上的采访。

[2] 费舍尔在瑞士洛桑国际管理发展学院于 2016 年 6 月举办的"设计致胜"会议上的陈述。

[3] 同上。

[4] Olga Craig, "James Dyson: The Vacuum Dreamer," *Telegraph*, August 24, 2008, https://www.telegraph.co.uk/finance/newsbysector/supportservices/2795244/James-Dyson-the-vacuum-dreamer.html.

[5] Irving L. Janis and Leon Mann, "Anticipatory Regret," chap. 9 in *Decision Making: A Psychological Analysis of Conflict, Choice, and Commitment* (New York: Free Press, 1977), 219–242.

[6] Daniel T. Gilbert, Carey K. Morewedge, Jane L. Risen, and Timothy D. Wilson, "Looking Forward to Looking Backward: The Misprediction of Regret," *Psychological Science* 15, no. 5 (2004): 346–350, https://doi.org/ 10.1111/j.0956-7976.2004.00681.x.

[7] 同作者的课堂讨论，2019 年 6 月 28 日。

[8] Marijo Lucas, "Existential Regret: A Crossroads of Existential Anxiety and Existential Guilt," *Journal of Humanistic Psychology* 44, no. 1 (2004): 58–70.

[9] Rakhi Chakraborty, "Eat What You Ate With: How Bakey's Is Combatting Plastic's War on the Environment with Edible Cutlery," YourStory.com, September 29, 2015, https://yourstory.com/2015/09/bakeys-edible-cutlery/.

[10] 同上。

[11] Chris Sheldrick, "What3words' Chris Sheldrick: 'Driver, Take Me to "Table Chair Spoon,"'" Danny Fortson, interview, *Danny in the Valley* (podcast), June 28, 2018, https://play.acast.com/s/dannyinthevalley/chrisshelrick.

[12] 同上。

[13] 同上。

[14] Teresa Y. Hodge, "Teresa Y. Hodge: Federal Prison Couldn't Stop My Relevance," Marlon Peterson, interview, *Decarcerated* (podcast), December 15, 2017, https://decarceratedpodcast.libsyn.com/teresa-y-hodge-federal-prison-couldnt-stop-my-relevance.

[15] Nikita Singareddy, "Former Prisoners Rethink Criminal Justice Through Entrepreneurship and Civic Technology," TechCrunch, September 4, 2015, https://techcrunch.com/2015/09/04/former-prisoners-rethink-criminal-justice-through-entrepreneurship-and-civic-technology/.

[16] Daniela Saderi (@Neurosarda), "'I have to disclose I'm not a data scientist, I'm not a researcher, I don't write code, but I have enough experience in business and I have the first hand...," Twitter, January 12, 2019, 9:59 a.m., https://twitter.com/Neurosarda/status/1084102526331428864.

[17] Jorge Odón, "Del taller mecánico a la sala de partos," TEDx Talk, TEDxRíodelaPlata, Buenos Aires, Argentina, May 2012, YouTube video, 11:47, TEDxYouth, August 18, 2012, https://www.youtube.com/watch?v=N-D8nt2EHQU.

[18] Richard Branson, "Sir Richard Branson's Advice for Entrepreneurs: Don't Be Afraid of Fear," *Forbes*, April 16, 2015, https://www.forbes.com/sites/realspin/2015/04/16/sir-richard-bransons-advice-for-entrepreneurs-dont-be-afraid-of-fear/.

[19] 同上。

[20] James Hayton and Gabriella Cacciotti, "How Fear Helps (and Hurts) Entrepreneurs," *Harvard Business Review*, April 3, 2018, https://hbr.org/2018/04/how-fear-helps-and-hurts-entrepreneurs.

[21] 对皮卡德的采访。

[22] Stephen Covey, A. Roger Merrill, and Rebecca R. Merrill, *First Things First: To Live, to Love, to Learn, to Leave a Legacy* (New York: Simon and Schuster, 1994), 59.

[23] Bart Weetjens, "First Person: 'I Teach Rats to Locate Landmines,'" Jeremy Taylor, interview, *FT Magazine*, February 7, 2015, 89.

[24] Laurence Kemball-Cook, "How to Change the World and Build a £20M Company from Your Bedroom," Max Pepe, interview, *Rebelhead Entrepreneurs* (podcast), July 25, 2016, http://rebelhead.com/2016/07/how-to-change-the-world-and-build-a-20m-company-from-your-bedroom/.

[25] 同上。

[26] Tom Szaky, "Interview: Tom Szaky with TerraCycle," Stone Payton and Lee Kantor,

interview, *High Velocity Radio* (podcast), March 20, 2018, https://businessradiox.com/podcast/highvelocityradio/terracycle/.

[27] Warren Berger, *A More Beautiful Question*: *The Power of Inquiry to Spark Breakthrough Ideas* (New York: Bloomsbury USA, 2014), 123.

[28] Martha Davidson, "Innovative Lives: Artificial Parts: Van Phillips," Lemelson Center for the Study of Invention and Innovation, March 9, 2005, http://invention.si.edu/innovative-lives-artificial-parts-van-phillips.

[29] 同上。

[30] Ginka Toegel and Jean-Louis Barsoux, "How to Become a Better Leader," *MIT Sloan Management Review* 53, no. 3 (2012): 50–60.

[31] Bart Weetjens, "Conscious Leadership in Challenging Times," YouTube video, 2:21, ashokaaustria,February 1, 2017, https://www.youtube.com/watch?v=IDOkvwJHwbo&t=29s.

[32] Ferran Adrià, "Ferran Adrià on Auditing the Creative Process," Ester Martinez and Suparna Chawla Bhasin, interview, People Matters, November 12, 2018, https://www.peoplemattersglobal.com/article/innovation/ferran-adria-on-auditing-the-creative-process-19795.

[33] Ferran Adrià, "Ferran Adrià on Transforming El Bulli from a Restaurant into a Legacy," Isabel Conde, interview, Eater, October 13, 2017, https://www.eater.com/2017/10/13/16435980/ferran-adria-interview-el-bulli-1846-bulligrafia-lab-museum.

[34] Tim Hayward, "ElBulli for All," *FT Magazine*, June 21, 2013, https:// www.ft.com/content/ad5f60de-d879-11e2-b4a4-00144feab7de.

[35] Nick Bilton, "Why Google Glass Broke," *New York Times*, February 4, 2015, https://www.nytimes.com/2015/02/05/style/why-google-glass-broke.html.

[36] 同上。

[37] Demis Hassabis, "DeepMind's Demis Hassabis," Kamal Ahmed and Rohan Silva, interview, *The Disrupters* (podcast), BBC Radio 4, November 6, 2018, https://www.bbc.co.uk/programmes/p06qvj98.

[38] 同上。

[39] James Dyson, "Dyson: James Dyson," Guy Raz, interview, *How I Built This with Guy Raz* (podcast), NPR, February 12, 2018, https://www.npr.org/2018/03/26/584331881/dyson-james-dyson。

[40] Hassabis, "DeepMind's Demis Hassabis."

[41] John Carreyrou, *Bad Blood: Secrets and Lies in a Silicon Valley Startup* (New York:

Alfred A. Knopf, 2018).

[42] Hassabis, "DeepMind's Demis Hassabis."

[43] Kevin Cashman, "Exploring the Power of Pause with Leadership Thought-Leader and Korn Ferry Senior Partner, Kevin Cashman," Mark Bidwell, interview, *OutsideVoices with Mark Bidwell*, April 6, 2020, http://innovationecosystem.com/power-of-pause-leadership-thought-leader-kevin-cashman/.

[44] Tom Szaky, "TerraCycle Founder on Why Purpose Isn't Enough for Social Entrepreneurship," Andrew Warner, interview, Mixergy (podcast), April 18, 2018, https://mixergy.com/interviews/TerraCycle-with-tom-szaky/.

[45] 同上。

[46] 同上。

[47] Robert Goffee and Gareth Jones, "Why Should Anyone Be Led by You?", *Harvard Business Review*, September–October 2000, 62–70.

致　谢

　　尽管本书的封面上只写了三个人的名字，但是《外星人思维》一书是众多才华横溢之士共同努力的结晶。三位作者的背后是一个由编辑、美工、市场营销、媒体专家和管理人员组成的强大团队。如果没有这些了不起的同事的不断支持，本书就无法完成。

　　非常感谢我们的策划编辑皮特·杰勒德（Pete Gerardo），感谢他认真负责的态度、干净利落的文笔、偶尔的批评意见和对文章一贯的指导。非常感谢我们的文稿代理人埃斯蒙德·哈姆斯沃斯（Esmond Harmsworth），感谢他一针见血的建议，以及在我们撰写本书的重要时刻给我们带来的巨大灵感和正能量。感谢我们在桦榭/公共事务出版社（Hachette/PublicAffairs）的编辑科琳·劳瑞（Colleen Lawrie），是她对重要细节的敏锐洞察力和外科手术般精准的建议，真正地帮助我们提高了手稿的质量。

　　感谢马科·曼克斯蒂（Marco Mancesti）和阿南德·纳拉西姆汉（Anand Narasimhan），他们对瑞士洛桑国际管理发展学院（IMD）的研究活动进行了重要且宝贵的监督。感谢学院的历届主席，多米尼克·图尔平（Dominique Turpin），以及让－弗朗索瓦·曼佐尼（Jean-François Manzoni），为我们的许多活动提供了必要的安全保障和经济支持。感谢我们的教师同事，尤其是霍华德·余（Howard Yu）、比尔·费舍尔（Bill Fischer）、吉姆·普尔克兰诺（Jim Pulcrano）和西奥多·佩里迪斯（Theodore Peridis），一直以来提供的宝贵见解、鼓励和建议。除此之外，我们还感谢埃斯特尔·梅泰尔（Estelle Metayer）、朱利安·伯金肖（Julian Birkinshaw）、亚历克斯·奥斯特瓦尔德（Alex Osterwalder）和伊夫·皮尼厄（Yves Pigneur）。是这些真正具有独创思维的人士不断地启发和激发我们思考，激励我们在写作之旅中探索一些有趣的领域。

我们非常幸运，能够借瑞士洛桑国际管理发展学院这个平台，与来这里进修的高管们一起不断测试和完善我们的想法。通过这种迭代的方法，我们的工作不断受到挑战并从中改进。因此，我们要感谢成千上万位接受我们"创新指导"的高管。很大程度上，他们是这项工作的催化剂和共同创造者，他们的智慧是这项工作的核心。

大量的写作和审校耗时费力，这使得我们难免在生活中频繁缺席。因此要感谢我们的朋友和同事们，尤其是家人，感谢他们的宽容。非常感谢大家。

A.L.I.E.N. Thinking: The Unconventional Path to Breakthrough Ideas

By Cyril Bouquet, Jean-Louis Barsoux, Michael Wade

Copyright © 2021 by Cyril Bouquet, Jean-Louis Barsoux, Michael Wade

This edition published by arrangement with PublicAffairs, an imprint of

Perseus Books, LLC, a subsidiary of Hachette Book Group, Inc., New York,

New York, USA.

Simplified Chinese version © 2022 by China Renmin University Press.

All Rights Reserved.

类比思维

[日] 细谷功 著

孙晓杰 译

"类比能力是评判才能的最佳指标。"

——美国心理学之父 威廉·詹姆斯

学会类比思维，轻松产生创意

洞察事物本质，解决复杂问题

　　世界著名类比思考专家、美国西北大学心理学家德瑞·根特纳曾说，"进行关联性思考，是我们人类能主宰地球的原因之一"。关联性思考是类比思维的起点。本书用丰富的案例，介绍了如何进行关联性思考、找到事物之间的结构性相似，从而洞察事物本质、产生新创意、解决复杂问题。对于希望提升思维能力、实现创新的个人和组织来说，本书提供了有力的工具。